앞으로의
남자아이들에게

KORERKARANO OTOKONOKO TACHI HE: "OTOKO RASHISA" KARA
JIYUNINARUTAMENO LESSON by Keiko Ota

Original Japanese edition published by Otsuki Shoten Publishers Co., Ltd.

This Korean edition published by arrangement with Otsuki Shoten Publishers Co., Ltd., Tokyo, through HonnoKizuna, Inc., Tokyo, and BC Agency

앞으로의 남자아이들에게

19년 차 변호사 엄마가 쓴
달라진 시대, 아들 키우는 법

오오타 게이코 지음
송현정 옮김

가나

19년 차 변호사 엄마가 '요즘' 아들 키우는 법을 쓴 이유

안녕하세요. 저는 오오타 게이코라고 합니다. 일본의 가나가와현에서 변호사로 일하고 있어요.

변호사는 세상에서 일어나는 온갖 사건의 당사자들로부터 이야기를 듣고 법률로 문제를 해결할 수 있도록 돕는 일을 합니다. 같은 변호사라도 다루는 사건이 전혀 다르기도 해요. 저는 주로 이혼과 관련된 일을 맡고 있고, 의뢰인의 70~80%가 여성입니다. 의도한 것은 아니지만 일본에는 아직 여성 변호사가 적다 보니(전체 변호사의 약 20%) 여성 변호사를 원하는 의뢰인들의 사건을 많이 맡게 되었어요.

이외에도 성추행이나 성폭력 피해를 입은 분들의 대리인으로 일하고 있습니다. 성추행 사건의 경우에는 대학교 같은 단체로부터 의뢰를 받아 제삼자의 입장에서 피해 정황을 듣고 사실관계를 조사하는 일을 합니다. 또 공부 모임인 '헌법 카페(출장 헌법 스터디)'에서 강사로 활동하고 있어요.

저는 초등학교 6학년과 3학년에 재학 중인 두 아들을 키우는 엄마이기도 해요. 아이들의 아빠와는 이혼하고 혼자 아이를 키우고 있어요. 싱글맘으로서 독박육아를 하게 된 지도 올해로 8년이 되었네요.

아이들을 키우며 변호사로 일하는 매일은 보람되기도 하지만 힘에 부칠 때도 많습니다. 게다가 이 글을 쓰고 있는 지금은 코로나19 바이러스 때문에 학교가 휴교한 탓에 온종일 집에서 아들들과 지내고 있답니다. 넘쳐나는 시간과 에너지를 주체하지 못하는 아이들은 잠시만 눈을 떼도 티격태격하기 일쑤예요. 아들들을 달래기도 하고 혼내기도 하면서 하루 세 번 밥을 해 먹이고 공부를 시키다 보면 하루가 눈 깜짝할 사이에 지나가요. 매일 폭풍 속을 지나가는 느낌이에요.

이런 하루하루를 보내며 제가 항상 생각하는 것이 있어요. 바로 '남자아이를 키우는 일은 여자아이를 키우는 일과 참 많이 다르다'는 것입니다.

저는 어려서부터 '여자다움'을 강요받기 참 싫어하는 아이였어요. '여자니까', '남자니까'라는 이유로 다른 취급을 받으면 안 된다고 생각했지요. "여자는 공부를 못 해도 예쁘고 귀여우면 괜찮아"라든가, "여자는 원래 수학을 잘 못 해", "우리 애는 사내자식이 돼서는 소심해"와 같은 말을 들으면 지금도 이상하다는 생각이 들어요. 그리고 이렇게 말하고 싶어요. "그것은 잘못된 생각이에요!", "성별을 나누어 생각하면 아이들의 가능성을 키워줄 수 없어요!"라고요.

그래서 그런지 '남자아이 육아법'처럼 요즘 서점에서 흔히 볼 수 있는 성별로 아이들을 구분한 책을 보면 왠지 모르게 가슴이 답답해지더라고요. 그런 제가 굳이 '남자아이 육아'를 주제로 책을 쓰려고 결심한 데는 이유가 있습니다.

저는 세 자매의 장녀로 태어나 가족 중에 아버지가 유일한 남자인 환경에서 자랐어요. 아버지는 항상 바쁘시고 해외 출장이 많으셨고, 어머니는 전업주부셨지요. 여름방학에 자주 만나 놀았던 또래의 사촌동생들도 세 자매였어요. 남자 형제가 없었던 저는 '남자아이'가 성장하는 과정을 가까이에서 지켜볼 기회가 없었어요. 물론 학교에서 남자 친구들과 어울려 놀기는 했지만 여자 친구가 훨씬 많았죠.

그랬던 제가 서른둘에 첫째, 서른다섯에 둘째를 낳고 아들 둘의 엄마가 되면서 '남자아이 육아'라는 새로운 세계와 만나게 되었어요. 다른 엄마들과 이야기를 해보면, 엄마에게 남자 형제가 있는지 없는지에 따라 남자아이 육아에 대한 정보의 양이 확연히 다르더라고요. 물론 사람마다 차이는 있지만, 오빠나 남동생이 있는 친구들은 '오빠는 이랬어', '남동생은 이랬어', '남자아이들은 이런 놀이를 좋아해'와 같은 정보를 가지고 있는데(이 외에도 아들과 딸을 차별하는 부모님 때문에 서럽고 슬펐던 이야기도 자주 들었지요), 저는 그런 정보가 전혀 없으니까요.

그렇기 때문에 저는 아들들의 행동을 보며 제가 어렸을 때와는 전혀 다른 '남자아이의 생태'에 대한 놀라움과 '남자아이들은 자라면서 이런 취급을 받는구나' 하는 의아함을 더 쉽게 느끼는 것 같아요.

'남자아이의 생태'라고 썼지만, 인간의 행동이나 사고방식이 타고난 성별로(유전자라든가 뇌의 구조도 포함해서) 결정되지는 않습니다. 성별에 따른 경향이 존재할 수 있다는 점까지 부정하지는 않겠지만, 이른바 '남자 뇌', '여자 뇌'와 같은 말로 남녀의 행동과 사고방식의 차이를 뇌 구조 때문이라고 설명하는 것은 과학적 근거가 부족하다고 생각해요. '뉴로섹시즘Neurosexism(신경 성차별주의)'이라고 불리는 이 설명 방식은 최근 과학계에서도 문제가 되고 있다고 해요.

실제로 제 아들들을 보아도 주변 어른이나 미디어를 통한 '학습'과 외부로부터의 '주입'이 그들의 내면에 무의식적으로 자리 잡아 영향을 주는 측면이 더 큰 것 같아요. 프랑스의 작가 시몬 드 보부아르는 이렇게 말했지요. '여자는 태어나는 것이 아니라 만들어지는 것이다.' 저는 여자로서의 삶이 버겁게 느껴질 때마다 이 말을 떠올리고는 했습니다. 그런데 아들을 낳고 그들의 성장을 지켜보면서 여자뿐만 아니라 남자도 '남자로 태어나는 것이 아니라 남자로 만들어진다'고 느낄 때가 많았습니다.

저는 아이를 낳은 후에야 인간을 왜 '사회적 존재'라고 부르는지 비로소 이해할 수 있었어요. 너무 당연한 사실인데도 아이가 태어나고 아이와 함께 생활하기 전까지는 그 말이 어떤 의미인지 와닿지 않았거든요. 그림책이나 만화, TV는 물론 어린이집이나 유치원의 친구들과 선생님들까지, 아이들은 아장아장 걷기 시작할 무렵부터 여러 사람들로부터 다양한 영향을 받으며 성장하더군요.

그런데 아이들이 받아들이는 사회로부터의 메시지는 여자아이를 향한 것과 남자아이를 향한 것으로 명확히 구별되어 있어요. 쉬운 예로 우리는 TV에서 나오는 장난감 광고를 보면 어떤 상품이 여자아이를 위한 것이고, 어떤 상품이 남자아이를 위한 것인지 한눈에 알 수 있어요. 아기 인형 광고에는 인형을 안은 여자아이가 소꿉놀이를 하고 있고 여자아이 목소리로 '귀여운 내 동생'이라는 내레이션이 나옵니다. 명백히 여자아이를 타깃으로 삼고 있지요. 물론 광고를 보고 별 관심을 두지 않는 여자아이도 있고, '나도 저 인형 사줘'라며 흥미를 보이는 남자아이도 있을 거예요. 하지만 분명한 사실은 이러한 광고가 세상에 계속해서 나옴으로써 '여자아이를 위한 것'과 '남자아이를 위한 것'으로 구별되는 사회적 메시지를 주고 있다는 점입니다.

이런 사회적 메시지는 여자아이와 남자아이의 가치관과 감수성 형성에 영향을 줍니다. 실제로 미디어에서 어떤 방식으로 여성성과 남성성을 보여주고 이미지를 구축하는지를 분석한 논문이 많이 나와 있습니다. 아무리 가정에서 부모가 '여자다움', '남자다움'을 강요하지 않더라도 아이들은 결국 사회로부터의 메시지를 통해 성차별적인 가치관과 행동 패턴에 익숙해지는 것 같아요.

물론 이러한 상황은 여자아이들도 똑같아요. 하지만 성차별 구조에서 여자는 마이너리티, 남자는 메이저리티의 속성을 갖게 되기 때문에 그 결과까지 같을 수는 없어요. 그렇기 때문에 아이를 키우며 성별에 따라 신경 써야 할 점이 달라지는 것은 어찌 보면 당연한 일인지도 모르겠네요.

지금까지 맡았던 가정폭력 사건과 성추행 사건 등에서 보아온 남성이나 방송에 보도되는 성폭력 사건의 가해 남성들을 보면 자신의 행동을 뉘우치기는커녕 오히려 피해자를 비난하는 듯한 태도를 보이는 경우가 많았어요.

그들을 보고 있노라면 '저 남자는 왜 저렇게 성차별적인 사고방식을 갖게 되었을까' 하는 의문이 들었어요. 그리고 지긋한 나이가 되어서도 자신의 행동을 고치지 못하는 성인 남성에게 근본적인 사고방식의 변화를 요구하는 일은 불가능할지도 모른다는 생각마저 들더군요. 가해자가 개과천선하기를 바라지만, 그들을 재교육하려면 어마어마한 시간과 노력이 필요할 테니까요.

그래서 저는 그들을 반면교사 삼아 앞으로 어른이 될 남자아이들이 그런 남자가 되지 않도록 하려면 어떻게 가르치고 양육해야 할지 고민하게 되었어요. 이 책은 이러한 문제의식을 바탕으로 두 아이의 엄마로서 지금까지 겪어온 수많은 시행착오를 기록함과 동시에 저처럼 남자아이들의 교육에 관심을 기울이고 있는 분들의 이야기를 듣고 정리한 책입니다.

'남자아이'를 어떻게 키워야 할지 고민하는 엄마, 아빠는 물론이고, 우리 아이들의 미래를 생각하는 여러 분야의 어른들에게 이 책이 사회에서 성차별을 없애기 위해서는 가장 먼저 남자아이들을 올바르게 키워야 한다고 깨닫는 계기가 되었으면 좋겠습니다.

또 앞으로 어른이 될 남자아이들이 이 책을 통해 스스로 성차별이나 성폭력과 같은 문제의 당사자로서 문제를 바라보고 생각할 수 있게 되기를 진심으로 바랍니다.

목차

제2장

'남자답게'라는 이름의 저주

제3장

달라진 세상에는 달라진 성교육이 필요합니다

제4장

남자아이에게 성희롱·성폭력을 어떻게 가르쳐야 할까요?

제5장

발전하는 사회적 상식에 맞춰 변화하기

제6장

내 아들이 좋은남자로 자랐으면 좋겠습니다

마치며

제1장

아이들의 일상에 드리운 성적 편견의 그림자

성적 편견을 강조하는
전형적인 표현들

저는 아들 둘을 키우면서 남자아이 육아에 관심을 갖기 시작했어요. 그리고 아들들에게 항상 '남자다움'을 강요하지 않으려 노력하고 있어요. 지금까지 아이들을 칭찬하거나 혼낼 때 "역시 남자라 다르네!", "진짜 남자답다"라든가, "남자가 그러면 안 되는 거야"와 같은 말은 단 한 번도 하지 않았답니다.

걸핏하면 울음을 터트리는 아들에게 "뚝! 그만 울어"라고 말한 적은 있어요. 하지만 그 뒤에는 언제나 "그렇게 울기만 하면 다른 사람들은 네 마음을 알 수 없어. 왜 슬픈지 말해보렴", "우리 울지만 말고 같이 생각해볼까? 우는 것 말고 할 수 있는 다른 일이 있지 않을까?"라는 말로 아이를 달랩니다.

이런 말들이 얼마나 효과가 있는지는 저도 잘 모르겠어요. 게다가 아이가 울 때마다 여러 가지 이유를 생각해서 아이를 달래줄 더 좋은 말이 무얼까 고민하는 것이 귀찮을 때도 있어요. 하지만 귀찮다고 해서 '남자는 우는 거 아니야!'라는 한마디 말로 상황을 모면하려 하면 우리 아이의 미래에 더욱더 귀찮은 일이 생길지도 모른답니다.

이런 노력 덕분인지 다행히 아이들은 자신이 해낸 일에 대해 '나는 남자니까'라며 뽐내지 않고, '남자답지 않다'는 이유로 친구를 따돌린 적도 없어요.

두 명 모두 무척 활발하고 친구들과 밖에서 뛰어놀기 좋아하는 그야말로 '남자아이답다'는 말이 딱 들어맞는 아이들이지만, 귀여운 인형을 좋아해서 여행을 다녀올 때마다 기념품으로 인형을 사오기도 하지요. 그래서 저희 집에는 구마모토 공항에서 산 쿠마몬 인형과 디즈니랜드에서 사온 곰돌이 푸 인형, 서울에서 산 이름 모를 동물 인형까지 인형이 한가득 쌓여 있답니다. 가끔은 둘이 인형으로 대화하며 놀기도 해요.

두 명 모두 옷을 살 때 검은색이나 파란색처럼 남자아이 같은 색만 고르고, 친구들과 베이블레이드 버스트나 듀얼마스터 카드 배틀처럼 남자아이 같은 놀이를 합니다. 요즘은 마인크래프트라는 게임에 푹 빠져 있어요. 직접 게임도 하고 마인크래프트의 달인쯤 되는 유튜버의 동영상도 열심히 찾아봐요. 하지만 그렇다고 마냥 남자아이답지만도 않아요. 지금으로서는 딱히 걱정되는 점은 없어요. 지금

부모가 해야 할 일은 그저 항상 지켜봐 주는 것뿐이겠지요.

하지만 남자아이들을 키우다 보면 어쩔 수 없이 일상 속에서 성적 편견과 마주하는 일이 생겨요. 오래전 일이지만, 명절 때나 가끔 만나던 친척 어른이 엉엉 울고 있던 첫째 아이에게 다가와 "에이, 남자가 그렇게 울면 못써. 남자니까 그만 울어!"라고 말하는 모습을 보고 어떻게 해야 하나 곤란했던 적이 있어요. 그분이 나쁜 마음으로 한 말씀이 아니라는 것을 알기에 "죄송하지만, 아이에게 그런 말은 하지 마세요"라고는 도저히 말할 수 없더라고요.

최근에는 아들들이 좋아해서 즐겨 보는 게임 동영상에서 인기 유튜버가 "좋았어! 남자라면 GO해야지!"라고 말하는 것을 듣고 영 찜찜한 기분이 들기도 했어요.

사소한 일일 수도 있지만 성적 편견은 이런 식으로 아이들의 일상 속에서 불쑥불쑥 나타납니다. 그럴 때마다 저는 "애들아, 잠깐만. 지금 저 사람이 '남자라면'이라고 말했는데 엄마 생각에는 말이지"라며 끼어들어요. 그런데 얼마 전에는 첫째 아이가 "응, 엄마 알고 있어. 어떤 일을 하든 성별은 상관없다는 말이지? 알겠으니까 동영상 볼 때 방해하지 말아줘"라고 말하더라고요.

제가 아무리 성차별적인 말이나 행동을 하지 않으려 애써도 아이들은 일상 속에서 다양한 말과 메시지를 접합니다. 아이들의 일상에는 언제나 성적 편견의 그림자가 드리워져 있고, 그 그림자는 마치 없는 것처럼 아주 옅어서 보이지 않다가도 어느 순간 짙고 어두컴

컴한 그림자가 되어 일상을 뒤덮기도 하지요.

앞서 제가 예로 들었던 말들은 '남자다움'을 강조하는 전형적인 표현들에 불과합니다. 이 외에도 여성을 표현하는 방식이라든가 성폭력을 연상시키는 표현 등 우리 아이들이 TV나 만화 등 각종 매체를 통해 접하는 메시지 중에는 주의해야 할 것이 너무 많습니다. 이 부분은 5장에서 자세히 설명할게요.

부모로부터 시작되는
성적 편견

육아를 하다 보면 종종 또래 부모로부터 성적 편견이 가득한 말을 듣습니다. 아이가 어린이집에 다닐 무렵, 아이 친구의 엄마가 아이들에게 들어가는 돈이 만만치 않다며 푸념하다가 이런 말을 하더군요.

"정말 돈 없으면 애도 못 키우겠어요. 우리 집은 이제 첫째 아들한테만 집중하려고요. 여동생들까지는 도저히 감당이 안 될 것 같아요."

이 말을 듣는 순간 저는 제 귀를 의심했어요. 단지 남자아이라는 이유로 딸보다 아들의 교육에 힘쓰겠다는 말은 엄연히 성차별이니까요. 물론 농담 섞인 말투였지만, 저는 부디 그 집의 딸들이 부모로부터 차별받고 상처받지 않기를 진심으로 기도했답니다. 아들 또한

'나는 남자니까 여동생들보다 더 좋은 대우를 받는 것이 당연해'라고 생각하는 일이 없기를 바라면서요.

법률 상담을 하다 보면 상속 문제로 형제자매들이 싸우는 모습을 자주 보는데, 유독 장남이 '난 장남이니까 특별하다'는 특권 의식을 갖고 있는 경우가 많습니다. 아마도 엄마의 이런 생각이 아들에게 특권 의식을 심어주는 것이겠지요.

또 이런 일도 있었어요. 알고 지내던 남자 변호사에게 딸이 생겨서 축하해주던 때였어요. 누군가 "딸도 변호사가 되면 좋겠네"라고 말을 건넸는데, 아버지가 된 남자 변호사가 "에이, 여자는 변호사보다 다른 직업이 낫지"라고 하더군요. '바로 눈앞에 여자 변호사를 두고 잘도 그런 말을 하네'라는 생각이 들어 화도 나고 마음이 복잡했어요. 그 말에서 여자는 남자보다 뛰어나면 좋을 것이 없다는 성차별적인 뉘앙스가 느껴졌거든요.

어른들이 흔히 하는 말 중에 이런 말이 있어요. '엄마는 아들바보가 되고, 아빠는 딸바보가 된다.' 별생각 없이 하는 말이지만 곰곰이 생각해보면 불편하게 느껴지는 말이기도 합니다. '엄마는 딸보다 아들을 더 좋아해', '집에 살가운 딸이 한 명은 있어야지'와 같은 말들도 마찬가지예요. 그런데 정말 실제로도 그럴까요?

저는 딸이 없지만, 가끔 딸이 있는 집을 보며 딸 키우는 재미를 느껴보고 싶다고 생각할 때도 있어요. 하지만 적어도 자녀들이 어릴 때는 부모가 형제자매들 간에 애정의 차이를 느끼게 해서는 안 된다고 생각해요. 또 아들이 더 귀엽다든가, 딸이 더 예쁘다든가 하는 말을 공공연하게 해서도 안 됩니다. 설사 딸보다 아들이 더 좋다는 생각이 들더라도 마치 그것이 엄마라면 당연한 일인 것처럼 정당화하는 건 잘못 아닐까요?

또 이런 말도 있지요. '아들들은 덜렁대니까 엄마가 더 챙겨줘야 해.' 이 말을 당연하게 여기고 무의식적으로 내면화하면, 아이에게 '해로운 남성성'이 싹트는 계기가 될 수 있으니 더욱 주의가 필요합니다.

'해로운 남성성' 이란?

아무런 설명 없이 갑자기 '해로운 남성성'이란 단어가 나와서 놀라셨죠? 이 단어는 1980년대에 미국의 심리학자가 발표한 말로, 영어로는 'Toxic Masculinity'라고 해요. 사회에서 남자다운 덕목으로 당연시되며 남자들이 무의식적으로 그렇게 되고자 하는 특성 중에는 폭력적이고 성차별적인 말과 행동으로 이어지거나 자기 자신을 소중하게 여기지 못하게 하는 유해성Toxic이 포함되어 있다는 사실을 지적한 표현이지요.

《남자는 불편해》(그레이슨 페리, 원더박스)라는 책에서는 한 사회심리학자의 말을 빌려 '남성성의 네 가지 요소'를 다음과 같이 설명합니다.

1… 오기

2… 성공 욕구

3… 흔들리지 않는 강인함

4… 때려눕히기

우는 소리 없이 오기를 관철하고, 사회적 성공과 지위를 적극적으로 추구하고, 위기 상황에서 절대 물러나지 않으며, 공격적이고 폭력적 태도로 상대를 때려눕혀야만 비로소 사회에서 '남자답다'고 인정받는다는 것이지요.

강인함, 용맹함은 나쁜 것이 아니지만, 이러한 남성성의 요소는 섬세하고 얌전한 성격의 남자아이가 자신의 성격을 부정적으로 여기게 만들지도 모릅니다.

'남자의 목표는 출세지!'라는 말처럼 사회적 성공을 남자로서의 가치로 여기는 사고방식도 여전히 우리 사회에 뿌리 깊게 남아 있지요. 물론 사회적 성공은 좋은 일이지만 반대로 사회적으로 성공하지 못한 남자는 남성으로서 실패한 것일까요? 성공한 남성이 성공하지 못한 남성을 자신보다 우습게 생각하는 것은 과연 옳은 일일까요?

위험한 상황에서 물러서지 않는 것도 좋은 면이 있는 반면에, 아픔과 공포 같은 부정적 감정을 참고 견뎌야 하는 부작용이 있어요. 약한 모습을 드러내기를 꺼리는 '남자다움'은 여성보다 남성의 자살률이 높은 원인이기도 합니다(일본 후생노동성 통계[1]에 따르면 남성의 자살률은 여성의 2.2배에 달하고, 한국은 2020년 기준, 남성의 자살률이 여성의 2.4배에 달합니다).

물론 사회에서 남자다움의 요소로 여겨지는 모든 특성이 꼭 유해한 것만은 아니에요. 하지만 이 특성들의 긍정적 효과에만 주목하고 부정적 작용을 간과한 탓에 남자들이 여러 가지 문제행동을 일으키게 된 것은 아닐까요?

경쟁에서 이겨야만 자신을 가치 있다고 여기고, 여자보다 우위에 서야만 한다는 생각 때문에 평등한 남녀관계를 구축하지 못하고, 내면의 불안함과 약한 모습을 끊임없이 부정하며 몸과 마음이 한계에 이를 때까지 일에만 열중하는 남자들. 남자들의 이러한 문제행동은 '남자다움'을 무조건 긍정적으로 여기는 가치관에서 비롯된 행동이라고 생각해요. 제가 이혼이나 성추행 사건에서 보아왔던 남자들의 행동 배경에도 그러한 가치관이 있었습니다.

그러므로 남자들은 해로운 남성성이 자신도 모르는 사이 무의식 속에 자리 잡고 있다는 사실을 인지하고 그 악영향에서 벗어나기 위해 노력해야 합니다. 장차 성인 남성으로 성장하게 될 아들이 행복하게 살아가기를 바라는 엄마로서 저는 앞으로도 해로운 남성성에 대한 문제 제기가 계속되기를 바랍니다.

남자아이 육아의 세 가지 걸림돌

지금부터는 제가 십이 년 동안 두 아들을 키우며 자주 들었던 말 중에서 해로운 남성성으로 이어질 우려가 있기 때문에 삼가야 할 말들을 꼽아보려 해요.

첫 번째, 남자아이들은 원래 다 그래.

두 번째, 그냥 장난인데 뭐.

세 번째, 좋아하니까 괴롭히는 거야.

저는 이 말들이 남자아이 육아에 커다란 걸림돌이라고 생각해요. 그럼, 차례대로 자세하게 들여다볼게요.

– ① 남자아이들은 원래 다 그래

남자아이를 키우는 엄마들은 한 번쯤 이런 고민 해보셨을 거예요. '우리 아이는 너무 거칠게 행동해', '조심성 없이 덤벙거려', '어른이 하는 말에 귀 기울이지 않아', '물건을 자주 잃어버려', '한시도 가만있지 않고 까불어' 등등. 아들을 키우며 으레 겪게 되는 '아들들은 원래 다 그래' 문제이기도 하지요.

SNS에서도 '#아들스타그램', '#아들육아그램' 등의 해시태그를 검색해보면 아들을 키우며 고군분투하는 엄마들의 모습을 쉽게 발견할 수 있어요. '매일 아침에야 헐레벌떡 숙제하기', '학교에 또 우산 두고 왔음', '바지 주머니에 쓰레기가 한가득'과 같은 모습도 낯설지 않지요.

보고 있으면 나도 모르게 "맞아, 맞아!"하며 웃음을 터트리거나 고개를 끄덕이며 '우리 애만 그런 줄 알았는데 다른 집도 똑같네' 하며 안도감을 느끼기도 해요. 이런 모습들은 아들을 키우는 엄마라면 모두 공감할 애환인 한편 재미있는 육아 에피소드가 되기도 하지요. 하지만 저는 가끔 이런 생각이 든답니다.

먼저, 이 모습들은 정말 아들만의 문제일까? 사실은 성별과 상관없이 아이들이라면 원래 다 그런 것은 아닐까 하는 의문이지요. 저도 학창 시절에 우산을 학교에 두고 오기도 했고 숙제나 준비물을 까먹어 아침에 허둥댄 적이 많았거든요.

흔히 여자아이들이 정신적 성장이 빨라서 또래 남자아이들보다 성숙하다고 하지요. 경향성만 따지자면 정말 그럴지도 모르겠어요. 예전에 아들의 친구 중 한 여자아이가 했던 깜찍한 말 때문에 웃음이 터졌던 기억이 나네요. 여자아이가 마치 엄마 같은 말투로 제게 이렇게 말했거든요. "아까 ○○(제 아들)에게 이 과자를 줬는데 괜찮은가요? 죄송해요, 먼저 물어봤어야 했는데." 도저히 어린 아이의 입에서 나온 말이라고는 믿기지 않을 정도로 어른스러운 말투여서 저도 모르게 큰 소리로 웃고 말았답니다.

가끔 보이는 여자아이들의 이런 말과 행동 때문에 '역시 여자아이들은 어른스럽구나'라고 생각하게 되고, 여자아이들이 남자아이들보다 성숙하다는 말을 마치 사실인 것처럼 믿게 되는 것은 아닐까 싶어요.

딸을 키우는 엄마들에게 이야기를 들어보면 "여자아이도 똑같이 부산스럽고 덤벙거려. 매일 혼내도 소용없어"라고 하더라고요. 그런데도 어른들은 같은 행동을 해도 남자아이가 하면 "남자아이들은 원래 다 그래"라며 웃어넘기는 반면, 여자아이가 하면 "여자아이치고 별나네"라며 다르게 반응하지요.

어린아이라면 누구나 할 법한 귀엽고 재미있는 행동일 뿐인데 성별에 따라 어른들의 반응이 달라진다면 과연 바람직할까요? "여자는 이런 행동을 하면 안 돼!"라고 확실히 말하지 않더라도 무의식중에 아이들에게 특정 행동을 유도하고 있는 것은 아닐까요? 어른들이 어떤 반응을 보일지 알기에 여자아이들이 더 빨리 어른스러운 행동을 하게 되는 걸지도 모른다는 생각이 들어요. 남자아이들도 마찬가지예요. 닭이 먼저냐 달걀이 먼저냐를 따지기 어려운 것처럼 '남자아이들은 원래 다 그래'라는 말로 넘겨버리는 어른들의 반응이 남자아이 특유의 행동을 만들었을지도 모릅니다.

제가 걱정하는 점이 또 하나 있어요. 바로 우리가 '남자아이니까'라며 대수롭지 않게 생각하는 남자아이들의 행동이 타인에 대한 폭력으로 이어질 우려가 있다는 점이에요. 마땅히 혼내야 할 행동인데도 '남자아이니까', '남자애들은 원래 말을 안 들어', '아이고, 장난꾸러기구나' 하며 아무렇지 않게 넘어가는 경우가 꽤 많답니다. 이러한 육아 방식은 언젠가 큰 문제를 불러올 수 있어요.

이혼 사건을 맡다 보면 의뢰인인 부모나 자녀에게 발달장애가 있는 경우가 종종 있어요. 그 덕에 유난히 부산스럽거나 정리를 못 하는 아이 중에는 ADHD 등의 발달 장애를 앓고 있는 경우가 있을 수 있다는 사실을 알게 되었어요. 그저 남자아이들의 특징이라고만 여기다가 시간이 한참 지나서 발달 장애를 교정할 골든타임을 놓칠 수도 있어요.

저 또한 아무리 주의를 줘도 똑같은 말썽을 부리는 아들들을 보며 '어차피 소용없는데 그냥 놔둘까' 하는 유혹을 느낄 때가 있어요. 이럴 때 '남자아이들은 원래 다 그래'라는 말은 제 행동을 정당화하는 구실이 되어주지요.

매일 반복되는 육아 속에서 항상 바른길로만 가기란 불가능하니까 정말 사소한 것들은 포기해야 할지도 몰라요. 하지만 '남자아이니까'라며 넘어가는 일들 중에 그냥 넘겨서는 안 될 중요한 것을 놓치고 있지는 않은지 생각해볼 필요가 있어요. 무심코 지나친 행동들이 타인과 자신의 아픔에 둔감한 해로운 남성성의 원인이 되고 있는지도 모르니까요.

– ② 그냥 장난인데 뭐

앞서 남자아이들의 행동이 타인에 대한 폭력으로 이어질 우려가 있다고 말씀드렸지요. 그중에서도 특히 제가 걱정스럽게 생각하는 행동은 바로 '똥침'입니다. 다들 한 번쯤 남자아이들이 똥침 놀이(다른 사람의 등 뒤에서 항문 근처를 손가락으로 찌르거나 찌르는 흉내를 내는 행동)를 하는 모습을 본 적 있을 거예요. 저는 어른들이 이 놀이를 가볍게 생각하고 방치해서는 안 된다고 생각합니다.

제 아들들도 서로 장난을 치는 와중에 엉덩이를 차거나 때리는 시늉을 하며 '똥침!'이라고 외치며 놀더군요. 만화나 애니메이션에 나오는 장면을 흉내 내며 노는 거지요. 하지만 저는 똥침을 재미있는 장난 정도로 생각하게 하고 싶지 않아요. 사람에 따라서는 정말 고통을 느낄지도 모르고, 하는 방법에 따라 실제로 상처를 줄 가능성도 있기 때문에 아들들이 그렇게 노는 모습을 볼 때마다 엄하게 주의를 주고 있어요.

아들들도 똥침 놀이를 하면 혼난다는 것을 알고 있어서 이제는 놀이 중간에 "엄마! ○○(형이나 동생의 이름)가 똥침 했어!"라고 바로 일러요. 저는 그럴 때마다 "전에도 말했지만, 상대방이 싫어할 수 있으니까 절대 다른 사람의 몸을 만지면 안 돼! 특히 엉덩이나 고추처럼 수영복을 입으면 보이지 않는 부분은 프라이베이트 존이라고 부르는데 자기 자신만의 소중한 곳이야. 그러니까 더 조심해야 해. 그 부분을 때리거나 만지면서 놀면 안 되는 거야. 다른 사람의 몸을 소중히 생각해야지"라고 말합니다. 웃음기 하나 없이 진지한 얼굴로 조곤조곤 말해주지요. 이렇게 노력한 덕분인지 아들들도 최근에는 똥침 놀이를 하지 않지만, 그만두도록 만들기까지 정말 오래 걸렸답니다.

아직도 똥침을 재미있는 장난 정도로 생각하는 사람이 많은데, 저는 똥침을 장난으로 취급하는 것 자체가 이 행동의 악질성을 축소하는 일이라고 생각해요.

너무 호들갑스러운 것 아니냐고 생각하는 분들도 계시겠지요. 저는 십 대 시절에 같은 학교를 다니던 남자아이에게 갑자기 똥침을 당해서 항문 근처를 세게 찔린 적이 있어요. 그때의 불쾌감과 혐오감은 오랜 시간이 지난 지금까지도 잊히지 않아요. 마치 성적 피해를 당한 기분이라고 해도 과언이 아닐 정도예요.

일본에서 가장 먼저 과학적 성교육을 주장하고 실천했던 무라세 유키히로 씨(전 히토쓰바시 대학 강사)도 자신의 저서에서 '똥침은 성적 학대'라고 말했습니다.[2]

똥침이 성폭력에 해당한다니 말도 안 된다고 생각할지 모르지만, 똥침은 항문에 가해지는 물리적 접촉이기 때문에 경우에 따라 민사상 책임을 져야 할 가능성도 있으며 최악의 경우 강제추행죄가 성립할 수 있습니다. 하는 사람에게는 그저 장난일지 몰라도 당한 사람은 심한 성적 수치심과 상처를 받을 수 있기 때문에 똥침은 폭력이나 마찬가지입니다.

2018년 7월에 일본 이바라키현에 사는 34세 남성이 에어컴프레셔(공기압 주입기)를 동료 남성의 항문에 분사하여 동료가 폐 손상으로 사망에 이르는 사건이 있었어요. 이 사건 외에도 비슷한 사건이 여러 번 있었다고 합니다.[3] 가해 남성은 '그냥 장난이었을 뿐인데 죽을지 몰랐다'고 진술했다고 해요. 항문을 향한 난폭한 접촉을 단순한 장난으로 인식하는 것이 얼마나 위험한지를 보여주는 사례이지요.

상처 입기 쉬운 몸의 일부분을 거칠게 다루는 행동을 장난으로 여기고 웃음거리로 삼는 일은 다른 사람의 몸과 인격을 존중하지 않는 행동입니다. 그러므로 아이들이 이러한 행동을 한다면 반드시 어른들이 나서서 바로잡아 주어야 합니다.

누군가는 이렇게 말할지도 몰라요. '겨우 똥침 갖고 그렇게까지 말할 필요 있어요?', '없애고 싶다고 해도 없어질까요?', '어차피 어른이 되면 안 할 텐데 아이일 때 하는 건 그냥 내버려둬도 되지 않을까요?'라고요.

하지만 똥침처럼 남자아이들이 자주 하는 장난이었던 치마 들치기는 어떨까요? 흔히 '아이스께끼'라고 불렀던 놀이인데 다들 기억하시죠? 제가 초등학교에 다니던 시절과 비교하면 요즘은 아이스께끼를 하며 노는 초등학생을 보기 힘들어졌어요. 제 아들도 그렇고 주위에서 한 번도 본 적이 없어요. 그도 그럴 것이 요즘 같은 시대에 그런 놀이를 하면 한바탕 난리가 날 테니까요.

여자아이의 스커트를 들치고 속옷을 보려 하는 행동은 똥침보다 훨씬 큰 성적 의미가 있는 명백한 성폭력에 해당합니다. 어떻게 이런 행동이 '남자아이들의 단순한 장난'으로 취급받고 용인되었는지 요즘 상식으로는 도저히 이해할 수 없지요.

얼마 전에는 가메나시 가즈야 씨(일본의 가수 겸 배우)가 한 TV 방송에서 "어릴 때는 자주 아이스께끼를 하며 놀았어요"라고 했다가 구설수에 오르기도 했습니다. 가메나시 씨는 마치 자랑스러운 무용담처럼 "저는 유치원에 다닐 때부터 치마 들치기 챔피언이었어요"라고 말하며 치마를 들어 올리는 흉내까지 냈다고 하더군요. 방송은 아이스께끼를 하나의 재미있는 에피소드처럼 소개하며 '어린 시절 가메나시는 야구와 아이스께끼밖에 모르는 아이였다'라는 자막을 내보내고, 함께 나온 출연자들도 '남자라면 다들 하는 장난이지'라며 웃었다고 들었어요.

그 방송은 인기 아이돌 그룹인 아라시가 사회자로 나와서 저희 아들과 조카들도 즐겨 보는데, 마침 그날 방송을 보지 못해서 얼마나 다행인지 몰라요. 아이스께끼를 한 것은 어릴 때인지 모르지만, 지금 그런 행동을 하나의 재미있는 에피소드처럼 웃으며 이야기한 것은 가메나시 씨와 방송의 잘못이라고 생각해요. '예전에는 다들 그렇게 놀았으니까'라는 변명은 통용될 수 없지요. 이 일은 인터넷상에 순식간에 퍼져나갔고, SNS 등에서도 가메나시 씨와 방송에 대한 비판의 목소리가 높아졌습니다. 아마 저와 같은 생각을 한 분이 많았던 까닭이겠지요.

비판하는 사람이 많았던 이유는 '아이스께끼는 잘못된 행동이고, 그 행동을 우스운 장난으로 취급해서는 안 된다'는 생각이 하나의 상식으로 사회에 정착되었기 때문일 겁니다. 예전에는 남자아이들이라면 누구나 하는 장난으로 여겼지만, 이제는 생각이 달라진 것이지요. 그럼, 아이스께끼와 마찬가지로 똥침을 하면 안 된다는 생각이 당연한 상식으로 자리 잡는 것도 충분히 가능하지 않을까요?

여러 사람이 보는 방송에서 현재의 상식으로는 용인할 수 없는 행동을 과거의 장난으로 취급하고 웃음거리로 삼으면 사람들은 피해자의 아픔까지 가볍게 여기게 됩니다. 또 방송이 성폭력을 웃음의 소재로 사용하면 시청자들이 성폭력을 경시하게 될 우려도 있지요. 그렇기 때문에 이 일은 미디어가 정착된 사회의 상식에 역행하는 경솔함을 보여주었다는 점에서 참 유감스러운 일이었다고 생각합니다. 특히 아이들도 보는 방송이라면, 방송으로 인해 시청자들이 잘못된 인식을 갖지 않도록 각별히 주의를 기울일 필요가 있지요.

– ③ 좋아하니까 괴롭히는 거야

여자아이를 괴롭히는 남자아이를 혼낼 때 자주 보게 되는 모습이 있어요. "미안하다고 해야지"라고 혼내면서도 남자아이에게 "너 걔를 좋아해서 그런 거지?"라고 묻거나, 여자아이에게는 "걔가 널 좋아해서 그러는 거니까 용서해주렴"이라고 하는 모습이지요. 워낙 많이 하는 말이라 그런지 어른들은 별생각 없이 "좋아하니까 괴롭히는 거야"라고 말하지만, 사실 이 말은 여자아이에게도 남자아이에게도 좋을 것이 없는 말입니다.

물론 어린아이들이다 보니 좋아하는 여자아이에게 자신의 마음을 잘 표현하지 못해서 장난치듯이 집적거리거나 사소한 일로 놀리다가 상대방을 울릴 수도 있어요. 하지만 그렇다고 해서 '좋아하니까 괴롭히는 거야'라고 넘어가면, 아이는 호의가 있으면 상대방이 싫어하는 행동을 해도 괜찮다고 생각하게 돼요.

호의가 있든 없든 상대방이 싫어하는 행동을 해서는 안 되고, 상대방이 싫어하는 행동을 통해 호감을 표현하는 것은 잘못된 일입니다. 아이들은 감정 표현이 서툴러서 그럴 수도 있지만, 어른은 이런 행동을 단순히 '호감의 표현'으로 보고 지나쳐서는 안 됩니다. 반드시 "친하게 지내고 싶으면 친구가 싫어하는 행동을 하면 안 돼. 그렇게 하면 친구는 네 마음을 몰라줄 거야. 그리고 오히려 너를 싫어하게 될지도 몰라"라고 정확히 말해주어야 해요. 설명해주지 않아도 커가면서 자연스럽게 알게 될 일이기는 하지만 일찍 알수록 좋습니다.

'좋아하니까 괴롭히는 거야'라는 말은 여자아이에게도 유해합니다. 불쾌한 일을 겪어도 화를 내거나 저항하면 안 된다는 생각을 심어주기 때문이지요. 실제로 가정폭력의 피해자들이 즉시 저항하지 못하는 이유이기도 합니다.

저는 여러 이혼 사건에서 아내를 폭행했던 남성이 "사랑하니까 때린 거야"라고 태연히 말하거나, 미혼이라고 속이고 다른 여성과 성적 관계를 맺었던 남성이 "사랑해서 어쩔 수 없었어"라고 변명하는 것을 보고 들었습니다. 상대방에 대한 존중이 결여된 행동을 '좋아하니까'라는 말로 정당화하려는 모습을 수없이 보았기에 더욱더 '좋아하니까 괴롭히는 거야'라는 말에 경계심을 갖게 되었는지도 모르겠네요.

이처럼 일상생활 속에는 '해로운 남성성'으로 이어질 우려가 있는 온갖 말과 행동들이 곳곳에 도사리고 있습니다.

저는 우리 아이들이 '해로운 남성성'의 덫에 빠지지 않고 자유롭게 커가기를 진심으로 바라고 있어요. 만약 자기도 모르는 사이에

덫에 걸릴지라도 그 덫에서 빠져나오기 위해 필요한 힘과 지혜를 길러주는 것이 우리 어른들이 해야 할 일 아닐까요?

어른들이 해야 할 구체적인 일들에 대해서는 다음 장에서 자세히 살펴보겠습니다.

제2장

'남자답게'라는 이름의 저주

이번 장에서는 앞서 밝힌 문제의식을 조금 더 확장해서 우리 사회에 공기처럼 퍼져 있는 고정적 성 역할 분담 등의 성차별적 저주가 남자 아이들에게 끼치는 영향에 대해 생각해보려 해요.

'남성성'의 피해자 절반은 남자입니다

'남성학'이라는 말을 들어본 적 있나요? 아마 처음 들어본 분도 많으실 거예요. 아직 대학에서 남성학을 가르치는 곳도 적은 데다, 학창 시절에 남성학을 공부했다고 말하는 사람도 별로 없을 테니까요.

1997년에 출간된 《남성학 입문》(교육과학사)은 지금보다 훨씬 더 남성학이라는 학문이 생소하던 시절에 남성학 연구를 시작한 이토 키미오 씨가 쓴 선구자적 책입니다. 이 책에서는 남성학을 다음과 같이 설명하고 있어요.

______ '남성학'이란 무엇인가?

'남성학'은 '여성학'의 발전에 대응해 탄생한 학문이다. '여성학'은

> 여성들이 스스로 만들어낸 학문이며, 여성들이 자신의 능력을 발휘하고 자기실현을 통해 보다 풍요로운 삶을 살 수 있는 사회를 만드는 것을 목표로 한다.
> '남성학' 또한 현재 충실한 삶을 영위하지 못하는 남성들, 그리고 다양한 문제들로 고민하는 현대사회의 남성들이 더욱더 풍요로운 삶을 살 수 있게 하기 위한 학문이다. 다시 말해 '남성의 삶을 찾기 위한 연구'라고도 할 수 있다. _《남성학 입문》에서 발췌

이토 씨는 이런 말도 했어요. '남성학에는 여러 가지 유형이 존재하며, 다양한 남성학이 있어야 바람직하다고 생각한다.' 이 말처럼 위에서 소개한 설명으로 남성학을 완벽히 정의할 수는 없어요. 하지만 지금과 같은 남성 중심 사회, 성차별 구조가 만연한 사회에서 남자들이 처한 문제를 당사자의 입장에서 고민하는 학문이 남성학이라고 이해하면 쉬울 것 같아요.

물론 현재 사회에서 큰 불편함 없이 살아가고 특별히 고쳐야 할 점도 없다고 생각하는 남자는 '남성이 처한 문제'를 인식하지 못할뿐더러 굳이 바꿔야 할 필요성도 느끼지 못할 거예요. 그런 남자는 남성이 바뀌어야 한다는 의견에 공감하지 못한 채 '왜 내가 달라져야 하는 건데'라며 오히려 반발할지도 모르지요.

1장에서 소개한 책 《남자는 불편해》에서는 남자들의 이러한 비공감과 반발에 대해 다음과 같이 표현하고 있습니다.

______ 남자들은 젠더 문제에 대해 '망가지지 않았으면 고치지 말라'고 생각한다. 남자들에게 현재 상태는 아무런 문제가 없는 것처럼 보이기 때문이다. 그들에게 묻고 싶다. 정말 문제가 없다고? 남성성의 피해자 중 절반이 남자인데도? 남성성은 남자들이 '자기다운(그것이 어떤 모습일지라도) 삶'을 살아가는 것을 방해하는 구속복일지도 모른다. 남자들은 지배와 군림에 내몰린 나머지 인간으로서 중요한 부분, 특히 정신건강 문제를 소홀히 하고 있는지도 모른다. 남성성을 강요당하기 때문에 행복해질 수 없는지도 모른다. _《남자는 불편해》에서 발췌

'망가지지 않았으면 고치지 말라If it ain't broke, don't fix it'는 영어의 관용구 중 하나로, '시스템이나 방법이 문제없이 작동하면 바꿀 필요 없다'는 의미예요. 현재 사회가 망가지지 않고 문제없이 잘 돌아가니 아무것도 할 필요가 없다는 말이지요.

지금까지 살펴본 내용을 바탕으로 남성학에 대해 제가 이해한 내용을 정리하면 이렇게 말할 수 있을 것 같아요.

1… 사회는 정말 '망가지지' 않았을까?

2… 사실 이미 망가진 사회 속에서 여러 불합리한 일들을 참고 있는 것은 아닐까? 그렇다면 애써 참지 말고 남자들 스스로 변화하려는 용기가 필요하지 않을까?

3… 사회의 망가진 부분을 고치기 위해 남자가 해야 할 일은 무엇일까?

저는 남자들이 스스로 이 같은 문제를 제기하기 위한 학문이 바로 남성학이라고 생각해요. 그리고 우리 아들들이 언젠가 자신의 머리로 이해하고 고민해야 할 문제이기도 합니다. 행복하고 자유롭게 살아가는 동시에 한 사회의 일원으로서 책임을 다하며 의미 있는 삶을 살아가기 위해서 말이지요.

여성혐오와 동성애 혐오가 생기는 근본적인 이유

바람직한 남성성에 대해 고민하기 위해 필요한 개념 중 하나가 '호모소셜Homosocial'입니다. Homo는 '동성 간'이라는 의미고, '호모섹슈얼Homosexual'은 동성 간의 성적 관계를 가리키는 말입니다. 이와 달리 호모소셜은 성적 관계가 없는 동성 간의 연결 및 관계를 의미해요.

'동성 간'이라는 표현에는 여성도 포함되지만 보통 호모소셜이라고 하면 남성 간의 관계를 말합니다. '남자들의 우정'이나 '남자들의 연대', '남자들의 유대'가 호모소셜에 속하지요.

흔히 '유대'는 좋은 의미로 많이 사용되고, 남성들이 서로 친하게 지내는 일도 나쁘다고 할 수 없어요. 그런데 문제는 여성과 남성성이 결여된 남성은 호모소셜한 유대에 속하지 않는 이질적인 존재로 배척당한다는 점입니다. 남성 동성애자(게이)를 혐오하고 조롱하는 것이 대표적인 예라 할 수 있지요. 호모소셜적 관계의 특징으로 '남성성'을 공유하는 남성들이 연대하여 만들어내는 여성혐오(미소지니Misogyny)와 동성애 혐오(호모포비아Homophobia)가 꼽히기도 합니다.

일본에서는 국회와 지방의회, 기업의 경영진 등 사회에서 중요한 의사결정을 내리는 자리의 대부분을 남자들이 차지하고 있어요. 제도 자체가 이질적 존재를 배제하고 있기 때문에 여성은 참여 자체도 어렵고 따라서 다양성을 대변하지 못하는 현실이지요.

그렇다고 해서 남성(동성애자 등 성적소수자가 아닌 남성)에게 호모소셜적 관계성이 마냥 좋은 것만도 아니에요. 왜냐하면 호모소셜한 집단은 '누가 더 남자다우냐'를 절대적 가치로 여기기 때문입니다.

그래서 남자들은 자신의 우수함(운동신경이나 육체의 건장함, 업무능력 등)을 끊임없이 증명하고 서로 서열을 매기려 합니다. 호모소셜적 관계에서 배제당하지 않으려면 자신이 여성스럽지 않다는 사실을 증명하고 자신의 남성성을 남자 동료들에게 보여줌으로써 인정받아야 하거든요.

앞서 설명했듯이 전통적 남성성의 요소에는 해로운 남성성이 혼재되어 있는데, 그 유해함을 인식하지 못하면 누가 더 해로운 남성성을 가지고 있는가를 경쟁하게 되는 꼴이 되지요. 실제로 최근 일어난 집단 성폭력 사건 중에 이러한 호모소셜의 폭주가 원인이 된 사건이 있었어요.

해로운 남성성으로 피해를 보는 것은 타인뿐만이 아닙니다. 여러 과로사 사건을 담당했던 동료 변호사는 '과로사는 남성성의 병적 현상'이라고 표현했어요. 최근에는 과로로 사망하거나 자살하는 여자도 많아졌지만 여전히 여자보다 남자가 과로로 사망하는 일이 압도적으로 많아요.

그 이유는 아마도 남성성이라는 속박 때문이 아닐까요? 그들은 육체적, 정신적으로 한계에 부딪혀도 '그만두고 싶다'고 말할 수 없었을 거예요. 누군가에게 도움을 요청할 생각도 못 한 채 혼자 어떻게든 해보려고 발버둥 쳤겠지요. 남자로 태어난 이상 당연히 한 가정의 가장으로서 아내와 자녀를 보살피고 책임져야 하니까 다른 사람에게 고민을 털어놓거나 약해진 모습을 보일 수 없다고 생각했을지도 몰라요.

동료 변호사에게 들은 바로는 과로로 자살한 남성 회사원들은 그들이 무엇 때문에 고민했고 왜 괴로웠는지를 짐작할 수 있는 유서나 일기 등을 남기지 않는 경우가 많아서 자살의 이유가 과로라는 사실을 증명하기조차 매우 어렵다고 해요. 자살을 결심할 정도로 힘든 상황에서도 자신의 괴로움을 아무에게도 털어놓지 못하고 혼자서 참고 견뎠던 것이지요. 이런 행동이야말로 '강인한 남성성'의 역효과가 불러온 비극이 아닐까요?

자살한 회사원뿐만 아니라 그들의 상사와 회사도 호모소셜적 가치관에 지배당하고 있을 가능성이 높아요. 나약한 모습을 보이거나 실적이 낮은 사람을 실패자 취급하고 회사를 위해 자신을 희생하는 사람을 추켜세우며, 조직에 대한 충성심을 시험하듯 과도한 목표를 강요합니다. 또, 상사라는 지위를 이용해 행해지는 힘희롱 등 해로운 남성성이 바탕이 된 불합리한 행동은 지금도 많은 회사에서 일어나고 있어요.

알코올중독자의 90%도 남성이라고 합니다. 과도한 음주는 정신건강에 심각한 문제를 일으킬 뿐 아니라 자살로 이어지기도 합니다. 그런데 환자들이 자신에게 문제가 있다는 사실을 좀처럼 인정하지 않는다는 점에서 알코올중독을 '부인否認의 병'이라고도 부르지요. 남성학을 연구하는 다나카 도시유키 씨(다이쇼대학 준교수)와 사이토 아키요시 씨(정신보건복지사 겸 사회복지사)의 대담[4]에서 다나카 교수는 '자신의 문제를 인정하지 않으려는 심리 속에는 남자다움에 대한 집착이 있다'고 말하기도 했습니다.

같은 맥락에서 사이토 씨는 알코올 중독에 빠진 남자들의 행동을 이렇게 분석했어요. '도와줘', '내 마음을 헤아려줘'라고 도움을 요청하는 일이 자신의 나약함을 인정하는 남자답지 않은 행동이기에 맨정신으로는 할 수 없어서 술기운을 빌린다는 거예요. 술에 취해 어린아이 같은 상태로 퇴행하면 스스로 요청하지 않아도 보살핌을 받을 수 있으니까요.

남자들끼리 성경험의 유무를 놀림거리로 삼거나 성기를 공격하는 등의 행동도 호모소셜의 나쁜 점을 여실히 드러내는 전형적인 예라고 볼 수 있어요. 이 또한 명백한 성희롱에 해당하지만 남자들은 전혀 그렇게 생각하지 않지요.

애초에 호모소셜한 집단에서 배제되었을 뿐만 아니라 그 집단에 속하고 싶지도 않은 저로서는 '이럴 바에야 그냥 남성성 따위 다 버려버리는 게 좋지 않을까'라는 생각이 들어요. 하지만 같은 남성으로부터의 칭찬을 무엇보다 가치 있게 여기는 호모소셜적 관계에 속해 있는 남자들은 서열화가 왜 나쁜지 전혀 공감하지 못할지도 모릅니다.

또래집단에서 소외되거나 놀림 받으면 누구라도 싫을 거예요. 어떤 집단에도 소속되지 않는 것도 큰 용기가 필요하지요. 하지만 저는 단지 '배제되고 싶지 않다'는 생각 때문에 남자들이 호모소셜한 집단에서 벗어나지 못한 채 고통받는 모습은 보고 싶지 않아요. 그 누구도 가해자도 피해자도 되지 않았으면 좋겠어요. 그러려면 어른들이 무엇을 해야 할까요?

유아기부터 시작되는
남자들의 권력투쟁

'해로운 남성성'과 '호모소셜', 이 두 가지 개념이 머릿속에 있으면 남자아이를 키우며 겪게 되는 다양한 문제를 조금 더 잘 이해할 수 있어요.

효고현 나다중고등학교에서 교사로 재직 중인 가타다손 아사히 선생님이 교직 경험을 바탕으로 저학년 아이들의 놀이와 행동을 면밀히 관찰하고 분석해서 쓴《남자의 권력男子の権力》(한국 미출간)이라는 책이 있어요. 이 책은 남자아이들이 초등학교 1, 2학년이나 어린이집, 유치원 시절에 이미 해로운 남성성과 호모소셜에 눈을 뜬다고 말합니다. 집단 속에서 남자아이들이 서로 경쟁하고 여자아이들의 놀이를 방해하는 등의 행동을 통해 남자로서의 우위성을 쌓고 서로

의 서열을 확인하는 모습을 볼 수 있다는 것이지요.

가타다손 씨는 이러한 남자아이들의 행동에 대해 주위 어른들이 어떤 태도를 취하는지가 중요하다고 지적하고 있어요. 아이들의 개성을 존중하고 주체성을 길러주기 위한 '아동중심주의' 교육은 교사가 아이들에게 여자다움이나 남자다움을 강요하지 않도록 강조해요. 이러한 교육방식은 매우 바람직하지만, 뜻밖의 맹점이 존재합니다.

> ______ 아이들이 어렸을 때부터 남녀를 구분하고 자발적으로 동성 친구 관계를 만들어 젠더화된 놀이를 하며 노는 경우, 보육자는 이를 무비판적으로 수용하고 촉진할 수 있다. 아이들이 스스로 원해서 하는 것처럼 보이기 때문이다 _《남자의 권력》에서 발췌

다시 말해, 아이들이 바란다고 생각하는 것 자체가 이미 사회의 고정관념에 영향을 받은 행동임에도 불구하고, 아동의 주체성을 존중하는 교육방침은 아이들의 행동을 '구체적 의사'라고 판단하여 수용해버리는 경향이 있다는 점이지요.

남자아이 집단이 여자아이들의 놀이를 방해하는 침해행위는 여자아이에 대한 존중과 배려가 결여된 행동인데도 '학생 한 사람 한 사람, 개인을 봐야 한다'는 아동중심주의 교육은 남자아이들의 말썽을 개인의 행동이나 개인의 성장과 관련된 문제로만 생각하는 탓에

아이들의 관계 속에 이미 자리 잡은 젠더 문제를 놓치는 경우가 많아요.

가타다손 씨는 자신의 저서에서 이렇게 말합니다. '아이들의 인권과 공공성이라는 관점에서 젠더 문제에 접근하려면 교육자와 보호자가 아이들을 개인으로만 취급해서는 안 된다. 아이들은 어른의 바람과 상관없이 이미 젠더화되어 있으며, 종종 남녀 간 권력 관계가 형성되기도 한다. 따라서 교육적 개입은 피할 수 없다.' 즉, 성차별적 가치관을 바로잡기 위해서는 주변 어른들이 적극적으로 개입해야 한다는 말이지요.

이러한 생각이 마치 교사에 의한 주입식 교육을 긍정하고, 아이들의 자주성을 해치는 것처럼 보일지도 모릅니다. 하지만 저는 가타다손 선생님이 아이들의 자주성을 존중하는 일과 인권과 다양성을 부정하는 가치관을 바로잡는 일, 두 가지를 동시에 할 수 있는 방법을 고민하고 있는 것이라 생각해요.

저도 똑같은 고민을 하고 있어요. 그냥 내버려두면 아이들은 미디어와 주변 어른들을 통해 젠더 규범을 학습하고 내면화합니다. '여자는 약해', '남자가 더 세고 멋져', '남자는 울면 안 돼' 같은 생각들을 있는 그대로 용인하면 아이들은 이러한 생각을 당연하게 여기는 어른이 될지도 몰라요.

우리 아이들은 이미 성차별이 만연한 사회에 태어났어요. 그 아이들에게 아무것도 가르치지 않고 내버려두면 아이들은 절대 자유롭게 살아갈 수 없습니다. 어른들이 적절하게 도와주고 개입함으로써 사회가 규정한 고정관념을 상대화하고 학습하지 못하게 막아야만 해요. 그래야 아이들이 더욱더 자유롭게 살아갈 수 있어요. 이것이야말로 진짜로 아동의 주체성을 존중하는 교육이라 생각해요. 그러므로 우리 어른들은 적절한 개입방법을 고민해야 합니다.

성적 편견에 사로잡힌 채 어른이 되어버린 사람들

어린 시절부터 해로운 남성성을 접했지만 아무도 바로잡아 주지 않은 채 자라서 무엇이 문제인지조차 모르는 어른들이 수없이 많습니다.

저는 이혼 사건을 담당하며 말대답을 했다는 이유로 아내를 때리고, '누구 덕분에 먹고 사는데', '불만 있으면 나만큼 벌어오고 말해'라며 폭언을 퍼붓는 남자들을 여럿 보았어요. 상대방을 무시하고 있기에 말대답에 화가 나고, 우위에 서고 싶다는 욕구가 있으니 고압적인 태도를 취하게 되지요. 이러한 남자들은 자신이 아내와 대등한 관계라는 사실을 인정하지 않고 항상 자신이 우월하다는 것을 확인받고 싶어 해요. 법원에서 남편들의 주장을 듣고 있노라면, '아, 정말

해로운 남성성이 문제라니까'라며 혀를 차고 싶을 때가 많답니다.

여러 가지 증거와 아내의 진술서를 제출하여 '남편의 행동은 폭력이나 마찬가지다', '아내는 매우 크게 상처받았다', '이혼 의사에는 변함이 없다'라고 아무리 주장해도 남편들은 꿈쩍도 하지 않아요. 오히려 '폭력이라니 말도 안 된다. 부부싸움을 하다가 살짝 밀친 적은 있지만 그건 아내도 마찬가지다. 나는 아직 아내를 사랑하니까 이혼하고 싶지 않다'라며 자신의 주장을 되풀이하지요. 바로 눈앞에서 아내가 눈물을 흘리며 "남편이 너무 무서워요. 제발 이혼시켜주세요"라고 흐느끼고 있는데도 말이에요. 도통 말이 통하지 않는다니까요.

최근 문제가 되는 심각한 성차별 사건이나 성폭력 사건들도 자세히 들여다보면 그 배경에 '해로운 남성성'의 그림자가 깊게 드리워져 있다는 것을 알 수 있어요.

2017년, 저널리스트인 이토 시오리 씨가 아베 총리와 가까운 야마구치 노리유키 기자에게 성폭력을 당했다며 고발한 사건이 있었지요. 2018년에는 재무성의 후쿠다 준이치 당시 사무차관이 방송국 기자를 성희롱한 사건이 있었고, 잡지 〈DAYS JAPAN〉의 전 편집장이자 포토저널리스트인 히로카와 류이치 씨가 여러 여성을 성희롱하고 성폭력 한 혐의로 고발되는 일도 있었습니다. 이 모든 사건에서 남성 가해자들은 반성하는 모습을 보여주기는커녕 오히려 자신이 피해자인 것처럼 행동했지요.

이 밖에도 2018년에는 여러 대학의 의대 입시 과정에서 단지 여자라는 이유로 여학생의 점수가 낮게 조정된 사실이 드러나기도 했어요. 명백하고 노골적인 성차별임에도 불구하고 인터넷상에서는 '여자는 결혼과 출산 때문에 일을 금방 그만두기 때문에 감점이 당연하다'라며 옹호하는 사람들이 있었어요.

이처럼 성차별적 말과 행동을 일삼는 사람과 조직을 줄이기 위해서 우리는 어떻게 하면 좋을까요? 저는 아무리 생각해도 어른이 되고 난 다음에야 바로잡으려 하는 것은 너무 늦은 것 같아요.

물론 기업과 관공서 등의 직장에서 성희롱 예방 교육을 의무화하고 성차별적 말과 행동을 하는 사람에게 인사상 불이익을 주는 일도 중요하지요. 하지만 이러한 방법으로는 '내 말과 행동이 왜 잘못되었는가'에 대한 근본적 문제를 마음속 깊이 이해시키는 데까지 매우 오랜 시간이 필요할 뿐 아니라 완벽한 대책이 될 수 없어요.

그러므로 가능한 한 빨리, 아주 어린 시절부터 성차별적 가치관이 형성되지 않도록 교육하는 일에 더 힘을 쏟아야 해요.

저는 머지않아 제 아들들이 한 사람의 남자로 살아갈 때, 의도치 않은 성차별적 말과 행동으로 자신의 파트너와 주변 여자들에게 상처를 주거나 억압하는 일이 없었으면 해요. 물론 성차별과 성희롱, 성폭력, 가정폭력의 가해자가 되는 일도 없어야겠지요. 그리고 술이나 도박에 빠져 자신은 물론 타인에게 상처를 주는 남자로 키우고 싶지도 않아요.

그러려면 사춘기보다도 훨씬 전에, 가능한 가장 빠른 시기부터 교육을 할 필요가 있어요. 아이들은 정말 눈 깜짝할 사이에 커버리니까요.

거부하는 여자를 증오하는 남자의 심리

최근 '나는 왜 인기가 없을까'라는 고민에서 시작된 열등감이 악화되어 여자들에게 극단적 공격성을 보이는 일부 남자들의 행동이 문제가 되고 있습니다. 인기가 없어서 고민하는 것이 왜 문제냐고 생각하는 분들도 계시겠지요. 맞아요, 대부분은 문제가 되지 않지요. 하지만 '나는 왜 인기가 없을까'라는 열등감이 쌓이고 쌓인 나머지 과격하게 변해버린 일부 남자들이 저지른 폭력 사건이 최근 미국, 캐나다 등지에서 연이어 발생하고 있어요. 사건의 참혹함을 알고 나면 인기가 없다는 고민을 가볍게 넘겨서는 안 되겠다는 생각이 들 거예요.

이러한 남자들을 '인셀Incel-Involuntary celibate'이라고 부릅니다. 직역

하면 '비자발적 독신주의자' 정도로 해석이 가능한데, 스스로 원하지 않았는데도 여성과 성적 관계를 전혀 갖지 못한 남성을 표현하는 말이에요. 여자들이 자신을 멸시하기 때문에 연애를 하지 못하는 것으로 생각한 나머지 여자를 혐오하게 되는 것이지요. 인셀 남자들이 저지른 살인사건과 폭력 사건은 다음과 같습니다.

______ 2014년 5월, 미국 캘리포니아주에서 일어난 엘리엇 로저의 대량살인사건. '나의 비뚤어진 세계-엘리엇 로저 이야기'라는 137쪽에 달하는 장문의 성명문(인터넷에서 볼 수 있음)과 함께 '엘리엇 로저의 복수'라는 제목의 동영상을 남겼다.

성명문에는 '여자들이 나는 거부하고 무시하면서 다른 남자들과는 섹스했다. 내가 섹스 경험이 없는 것은 건방지고 오만한 여자들 탓이다. 나보다 즐겁게 생활하고 섹스하는 남자들, 너희들 전부를 증오한다. 벌을 내리겠다'고 쓰여 있었다. 자신을 거부한 여자들과 여자들이 좋아하는 남자들에 대한 증오와 복수심이 엿보였다.

2015년 10월, 미국 오리건 주 전문대학에서 26세 학생이 아홉 명을 살해하고 자살한 사건. 범인은 엘리엇 로저 사건을 언급했다.

2017년 12월, 미국 뉴멕시코주의 한 고등학교에서 21세 남성이 두 명을 살해하고 자살한 사건. 자신을 엘리엇 로저라고 칭하며 게시판에 글을 남겼다.

2018년 2월, 미국 플로리다주의 한 고등학교에서 19세 남성이 총기를 난사하여 열일곱 명이 사망한 사건. 범인은 인터넷에서 엘리엇 로저를 사칭했다.

2018년 4월, 캐나다 토론토에서 25세 남성이 자동차를 탄 채로 인도로 돌진하여 열 명이 사망한 사건. 범인은 인터넷에서 엘리엇 로저를 칭송했다.

2020년 2월, 캐나다 토론토에서 17세 남성이 유흥업소에서 다수의 여성을 흉기로 찔러 상해를 입힌 사건.[5]

캐나다 당국은 마지막에 언급된 사건의 범인을 살인죄가 아닌 '테러 공격' 혐의로 기소할 예정이라고 합니다. 여자들에 대한 적의를 명확하게 드러내고 여자라면 아무나 상관없다는 식의 무차별적 살상행위는 '여자에 대한 테러'라고 봐도 무방하다고 생각해요. 인종, 성별, 국적, 종교 등 특정 집단에 대한 증오심으로 인해 벌어지는 범죄를 '헤이트 크라임Hate crime'이라고 부르는데, 이런 사건들도 여성에 대한 헤이트 크라임의 성격을 지닌다고 할 수 있어요.

인셀 남자는 '나는 여자와 섹스할 권리가 있는데, 여자가 나를 거부해서 섹스하지 못한다. 거부하는 여자를 증오한다', '나는 마땅히 누려야 할 권리를 부당하게 빼앗겼다'라고 생각한다고 해요.

북미지역이 아닌 다른 곳에서도 여자를 노린 살인사건이 있었어요. 바로 한국입니다. 2016년 5월, 서울의 번화가인 강남역 근처 노래방에서 한 여성이 참혹하게 살해당하는 사건이 발생했어요. 범인은 30대 남성으로 피해자와는 모르는 사이였으며, 남녀공용 화장실에 숨어 있다가 먼저 들어왔던 여섯 명의 남성은 그냥 보내고 나중에 들어온 여성을 살해한 사건이에요. 범인은 범행 동기로 '여자들이 나를 상대해주지 않는다. 여자가 밉다'고 말했다고 합니다. 한국 여성들은 이 사건을 여성혐오에 의한 사건으로 인식하고 대대적인 시위를 펼쳤고, 한국에서 #MeToo 운동이 확산하는 계기가 되었어요.

일본도 마찬가지입니다. 2008년, 아키하바라에서 일곱 명이 사망하고 십여 명이 다치는 무차별 살인사건이 있었어요. 사건의 범인인 가토 토모히로는 사건을 일으키기 전, 인터넷상에 '여자친구가 없다. 이것만으로도 내 인생은 망했다', '여자친구만 있었어도 이렇게 비참하게 안 살았을 텐데'라는 글을 남겼어요. 인셀 남자의 사고방식과 똑같지요.

또한 최근에는 여자를 대상으로 한 과격한 온라인 희롱도 문제입니다. 공격 패턴을 보면 인셀 성향의 일부 남자들이 벌인 짓으로 보여요. 모든 글에서 '지금 내가 괴로운 것은 전부 여자들 때문이다'라는 사고방식이 드러나거든요. 이 모든 사건에도 역시 남성성의 저주가 깊이 연관되어 있어요.

안정된 직업과 이성 관계, 그 최종 목적지라 할 수 있는 행복한 가정을 꾸리는 일은 경제가 빠르게 성장하던 과거에는 '보통' 남자라면 누구나 이룰 수 있는 성공이었어요. 하지만 저성장 시대에 들어서면서 성공을 획득하는 사람의 수가 점점 적어졌고, 결국 성공에서 멀어진 남자들이 생겨나게 되었어요. 요즘 인터넷에서 남자들이 자신을 '약자남성'이나 '비인기남'이라고 칭하는 모습을 자주 볼 수 있어요. 남자들만의 피라미드적 구조 속에서 승자가 되지 못한 남자의 패배의식이 자학적 표현으로 드러난 것이지요.

물론 이렇게 자신을 자학적으로 표현하는 모든 남자가 여자들에 대한 공격성을 갖고 있는 것은 아니에요. 그렇지만 남자라서 느끼는 괴로움이나 답답함을 모두 '여자를 우대해주니까 우리가 역차별당하는 거야'라고 여자에 대한 반감과 연결하는 것은 매우 잘못된 일이지요.

저는 남자들을 괴롭히는 진짜 원인은 여자가 아니라 성차별적 사회구조의 '해로운 남성성의 저주'라고 생각해요. 자신의 괴로움을 여자에 대한 공격으로 해결하려 하지 말고 진짜 원인인 해로운 남성성의 저주에서 벗어나기 위해 노력한다면 많은 남자가 지금보다 훨씬 행복하게 살아갈 수 있지 않을까요?

길거리 헌팅 기술을 배우는 남자라니

요즘 인터넷에 이런 말이 있다고 해요. '여자는 싫지만, 여자 몸은 좋아'라는 말인데요. 여성을 혐오하면서도 여성과의 성적 관계에 집착하는 일부 남성을 가리키는 표현이랍니다.

지난 2017년부터 2018년에 걸쳐 길거리 헌팅기술을 가르치는 이른바 '리얼 난파(헌팅을 의미하는 일본어:역자주) 아카데미'와 관련한 성폭력 사건이 있었어요. 여자를 술에 취하게 만든 다음 강간하는 수법으로 성폭력을 되풀이했던 사건이지요. 이 사건으로 다수의 원생과 원장이 유죄를 받았습니다.

아카데미 원장이던 40대 피고인은 '헌팅 기술', '여자에게 인기를 얻는 방법'을 가르친다는 명목으로 20대 원생들을 모집했어요. 하지만 실제로 그들이 한 일은 벌칙 게임을 구실로 여자들에게 도수가 높은 술을 먹이고 취하게 만든 다음 집단으로 강간하는 것이었어요.

그들에게 '헌팅 기술'과 '여자에게 인기를 얻는 방법'은 여자와 친밀해지기 위한 과정이 아니었어요. 반대로 여자의 의사를 무시하고 섹스만을 하기 위한 방법이었지요. 상대방 여자의 의사와 동의 여부는 철저하게 무시당했어요.

다수의 여자와 육체관계를 맺는 것과 인기를 동일시하던 원장과 원생들은 누가 헌팅을 통해 더 많은 여자와 섹스하는지 경쟁하기도 했습니다. 정신을 잃을 때까지 술을 먹이고 여자의 육체를 물건처럼 취급하면서 얼마나 많은 여자의 몸을 손에 넣었는가를 점수로 매겼던 거예요. 연애에서 가장 중요하다고 할 수 있는 대화를 통한 신뢰관계 구축은 전혀 없었지요. 어째서 그들은 이런 행동을 '인기'와 혼동했던 걸까요?

이 사건을 취재했던 프리랜서 기자 오가와 다마카 씨는 그들을 움직인 동기가 성욕이 아니라 원장을 절대적으로 여기는 집단 속에서 '거역하면 따돌림 당할지도 모른다'는 불안감이었다고 말합니다. 나쁜 짓이라는 것을 알면서도 거부하지 못했던 원생들의 모습이 오가와 씨의 기사에 잘 드러나 있습니다.[6] 또 원장은 여자를 좋아한다고 말하면서도 여자에 대한 불신과 경멸을 노골적으로 드러냈다고도 쓰여 있어요.

그들은 여자와 섹스한 횟수를 비교하며 우월감을 느끼고, 공범 관계라는 것을 내세워 범죄라는 사실을 깨달아도 집단에서 벗어날 수 없도록 서로를 옭아매기까지 했어요. 호모소셜한 관계 속에서 우위에 서기 위한 수단으로 여자의 몸이 이용되었다는 사실이 오싹하기까지 합니다.

이 사건은 매우 특수한 경우에 속하지만 해로운 남성성이 극단적인 형태로 나타난 예라고 볼 수 있어요. '여자와 섹스는 하고 싶지만 대화는 하기 싫다'는 생각 속에는 여자에 대한 존중이 결여되어 있을 뿐만 아니라 오로지 지배욕만이 가득하니까요.

저는 이러한 '대화의 생략'이 해로운 남성성과 연결되는 커다란 문제라고 생각해요. 그렇다면 반대로 다양한 상황에서 상대방과 진실한 대화를 위해 노력한다면 남자아이들이 해로운 남성성의 덫에 걸리지 않도록 하는 연습이 되지 않을까요?

상대를 존중하고 서로 대등한 관계에서 충분한 대화를 나누는 것이야말로 인기보다 중요한 본질이라는 사실을 남자아이들이 꼭 알았으면 해요.

남자를 기분 좋게 하는 여자가 인기가 많다고요?

얼마 전 SNS에서는 초등학교 여학생들을 대상으로 출간된 《멋지고 귀여운 여자가 되기 위한 뷰티 대사전おしゃカワ！ビューティー大じてん》(한국 미출간)이라는 책이 큰 화제였습니다. 빨리 어른이 되고 싶어 하는 여자아이들에게 꾸미는 방법을 알려준다는 책의 의도 자체는 나쁘지 않았다고 생각해요.

하지만 책을 읽어 보니 '남자친구와 데이트할 때는 글썽글썽한 눈물 메이크업이 최고'라든가, '남자가 좋아하는 여자 TOP5', '누구든 흠뻑 빠지는 인기녀의 12가지 행동' 같은 내용이 이어지더군요. 책은 남자에게 인기를 얻으려면 예쁘게 꾸며야 한다는 가치관으로 가득 차 있었어요.

더욱 기가 찼던 내용은 '인기를 끌기 위한 귀여운 대화 기술'이었습니다. '남자는 칭찬받는 걸 좋아해!'라며 남자를 기쁘게 만드는 말을 '사시스세소'로 설명하더라고요. 여기에서 말하는 '사시스세소'는 '역시!さすが', '정말 똑똑하다知らなかった', '굉장해!すごい', '멋있다!センスがいい', '네 말이 다 맞아そうなんだ'라는 의미의 일본어 앞 글자를 따온 말이에요. 책은 '진심으로 칭찬하는 것이 포인트!'라며 강조 표시까지 해놓았더군요.

이 '사시스세소'는 어른들의 세계에서는 '미팅 성공을 위한 대화법'으로 통한다고 해요. 충분히 의미를 이해하고 주체적으로 사용할 수 있는 성인에게는 쓸모 있을 수도 있겠지요. 하지만 아직 어린 초등학생들에게 인기를 얻기 위한 수단으로 남자를 칭찬하는 방법을 알려주는 것이 과연 바람직할지는 의문이에요. 그래서 SNS에서도 이 책에 대한 거센 비판이 일어났던 것이지요.

저와 대담을 나누었던 기요타 씨는 "'남자들은 왜 사시스세소를 좋아할까'야말로 문제의 근본"이라고 말했어요. '남자는 칭찬받는 걸 좋아해'가 아니라 '칭찬받지 않으면 기분이 나쁘다'가 정확한 표현이며, 이 말은 즉 남자들이 스스로는 자존감을 충족시키지 못한다는 사실을 드러낸다고 지적했지요.[7]

내면의 막연한 불안감을 타인의 칭찬을 통해 해소하고자 하는 것은 여자도 마찬가지일지 몰라요. 그리고 서로 칭찬을 주고받는다면 아무런 문제가 없다고 생각해요. 다만, 어른이라면 마땅히 자신의 감정을 스스로 제어할 수 있어야 합니다. 그래서 아이들에게도 그렇게 하도록 가르치지요. 그런데 왜 우리 사회에는 여자가 남자들 기분을 맞추는 걸 당연시하는 분위기가 남아 있을까요. 이러한 사회 분위기 때문인지 남자들은 자신의 감정을 제어하는 연습의 중요성을 느끼지 못할뿐더러 당연히 여자가 남자 기분을 맞춰야 한다고 생각하는 것 같아요. 남자가 여자에게 잘난 척하며 훈계하듯 설명하는 것을 의미하는 말인 '맨스플레인Mansplain, man+explain'은 여자를 통해 기분이 좋아지는 남자들의 모습을 잘 보여주고 있어요.

'남자는 여자 하기 나름'이라는 말처럼 여자가 남자를 칭찬하고 기분 좋게 만드는 일을 긍정적으로 여기는 말도 있지요. 하지만 상대의 기분을 맞추기 위해 노력하는 일이 항상 여자만의 역할이라면 그 관계는 대등한 관계라고 볼 수 없습니다. 물론 성차별적 가치관이 뿌리 깊은 사회에서는 여자들이 남자의 기분을 맞추는 일이 처세술로 활용되기도 해요. 바람직하지는 않지만, 여자를 비난할 수도 없는 노릇이지요. 하지만 그런 상황이라도 현재의 관계가 대등하지 않다는 사실을 직시해야 한다고 생각해요. 다음 세대에까지 불합리함을 물려줄 필요는 없으니까요. 만약 《멋지고 귀여운 여자가 되기 위한 뷰티 대사전》과 같은 책이 아이들 주위에 있다면 얼른 치워버리세요!

'여자답게'라는 이름의 저주도 있습니다

지금까지 남자아이들에게 내린 저주에 대해서만 이야기했지요. 지금부터는 여자아이들의 저주를 어떻게 풀어야 할지 이야기해보려 해요.

제게는 딸도 여자 조카도 없다 보니 어린 여자아이들과 직접 이야기할 일이 드물지만, 만약 딸이 있다면 우리 사회의 성차별적 구조에 대해 가능한 한 빨리 가르쳐주고 싶어요. 아무래도 남자보다 여자가 성차별을 경험하는 일이 훨씬 많으니까요.

또, 여자는 남자보다 성적 피해를 당하기 쉽다는 사실도 알려주고 싶어요. 저도 몇 번이나 경험해봤기 때문이에요. 사회에 대한 신뢰를 키워나가야 할 아이들에게 이런 사실을 알려줘야 한다는 사실이 가슴 아플 따름이에요.

피해를 보지 않기 위한 방법을 가르치는 것도 중요하지만 동시에 설사 피해자가 되더라도 절대 네가 잘못해서 피해자가 된 것이 아니라 나쁜 사람은 가해자라는 사실을 가르치는 것도 중요해요.

흔히 여자아이들은 싸움을 피하고 웃는 얼굴로 있는 법을 배우며 자라지요. 그래서 그런지 불쾌한 일을 당했을 때 "뭐 하는 거야!"라며 바로 화를 내지 못하는 경우가 많아요. 맞서 싸우는 일에 익숙하지 않아서 가정폭력을 당하는 여자들도 많고요. 그렇기 때문에 더더욱 상대가 어떤 사람이든, 혹 그 상대가 내가 사랑하는 사람일지라도 싫은 일을 당하면 단호하게 "싫어!"라고 말할 수 있도록 가르쳐야 합니다.

또 이런 말도 해주고 싶어요. "너는 성차별 때문에 고민하지 않았으면 좋겠어. 우리 어른들이 성차별이 없어지도록 있는 힘껏 노력할게. 너도 언젠가 우리와 함께 노력하는 어른이 되었으면 좋겠다"고 말이지요.

십 대 시절 저는 온갖 갈등 속에서 갈팡질팡했던 것 같아요. 스스로가 인기 있는 스타일이 아니라는 사실을 알면서도 남자아이들이 나를 좋아해주면 좋겠다는 생각을 늘 하고 있었어요. 그래서 당시에 인기 있던 여자아이들을 무작정 따라 해본 적도 있어요. 그런데 인기가 없는 것도 서글픈 일이지만, 다른 사람처럼 행동해서 인기가 좋아져도 기분이 하나도 안 좋더라고요. 결국 이도 저도 아닌 악

순환이 되풀이되기만 했지요. 지금도 패션 잡지에서 '사랑받는 메이크업'이라든가, '매력을 높이는 법' 같은 제목이 보이면 당시의 제 모습이 떠올라 마음이 복잡해져요. 지금은 여자들에게 내린 저주를 잘 알고 있기 때문에 제 나름의 대처법으로 잘 헤쳐 나가고 있지만, 제가 여성성의 저주에서 완전히 벗어난 것인지는 잘 모르겠어요.

만약 제게 딸이 있다면 '남자에게 사랑받기 위해 일부러 멍청한 척하는 것은 정말 쓸데없는 짓'이라고 꼭 말해줄 거랍니다. 저도 똑같은 덫에 빠진 적이 있기 때문에 누구보다 잘 알거든요. 그런 행동이 여자를 불행하게 만들 뿐만 아니라 자유롭게 행동할 수 없도록 구속한다는 사실을요.

그리고 2014년에 할리우드의 배우 엠마 왓슨이 유엔에서 했던 연설을 들려줄 거예요.

——— "만약 남자들이 남자로 인정받기 위해 공격적인 행동을 할 필요가 없어진다면, 여자도 순종적인 태도를 강요받지 않아도 될 것입니다. 만약 남자들이 통제할 필요가 없어진다면 여자도 통제당하지 않게 될 것입니다.

남자와 여자 모두에게 세심해질 수 있는 자유와 강인해질 수 있는 자유가 있어야 합니다. 지금이야말로 대립하는 서로 다른 생각을 버리고 보다 넓은 시야로 젠더 문제를 생각해보아야 할 때입니다."[8]

이 세상에는 엠마 왓슨처럼 드넓은 시야를 가지고 자신을 자신답게 표현하며 살아가는 멋진 여성이 헤아릴 수 없을 만큼 많다는 사실을 꼭 알려주고 싶어요.

기요타 다카유키 씨가 말하는

도대체 남자는 왜 그런가요?

기요타 다카유키

1980년에 태어나 대학 재학 시절 연애 상담 활동을 시작했고 연애담 수집 유닛 '모모야마 상사'를 만들었다. 지금까지 1,200명이 넘는 사람들의 연애 고민에 귀를 기울였고, 이 경험을 바탕으로 잡지와 웹미디어, 라디오 등에서 연애와 젠더 문제에 대해 이야기하고 있다. 저서로는 《좋아할 줄 알았는데よかれと思ってやったのに》, 《안녕, 남자들さよなら、俺たち》 등이 있으며, 아사히신문 토요일판의 '고민의 도가니' 코너에서 독자들의 질문에 답하고 있다.

오오타 기요타 씨는 '연애담 수집 유닛'에서 다양한 사람들의 연애 이야기를 듣는 활동을 하시죠.
젠더 문제를 전공하신 것도 아니고 성차별에 대해 공부하신 것도 아닌데 그저 연애 이야기가 재밌어서 수집하다 보니 남성성이 남자들을 속박하고 있다는 사실을 알게 되었다는 점이 흥미로웠어요. 좀 더 자세한 이야기를 들어보고 싶어요.

왜 모두 똑같은 이야기를 할까

기요타 장난삼아 시작했던 활동이었기 때문에 처음에는 젠더 문제에 전혀 관심이 없었어요. 그런데 수많은 연애담과 연애고민을 듣다 보니 대부분의 여자들이 비슷한 불만을 느끼고 비슷한 불평을 한다는 사실을 깨달았어요. 가장 많이 들었던 고민은 '잡은 물고기에게 먹이를 주지 않는 남자'에 대한 이야기였어요. 연애를 시작하기 전에는 적극적으로 다가오던 남자가 막상 사귀기 시작하니 데이트도 뜸해지고 방에 틀어박힌 채 매일같이 섹스만 한다는 거예요. 이 외에도 사소한 일에 토라져서 입을 꾹 다물고 아예 말을 안 한다든가, 파친코에 빠져서 돈을 뜯어가는 남자도 있었어요.

이야기를 듣다가 문득 '원래 남자는 다 이런 건가?' 하는 의문이 들더라고요. 한편으로는 '나도 이랬던 것은 아닐까' 하는 생각이 들었어요. 저는 고등학교 3학년 때 아르바이트하던 곳에서 만난 여자와 처음 사귀었었는데 지금 돌이켜보면 당시의 저도 여자친구 앞에서 기분 나쁜 티를 팍팍 내며 위압적으로 굴었던 적이 있는 것 같아요. 그런 주제에 지금 다른 사람의 연애담을 들으면서 '우와, 정말 나쁜 남자네'라며 맞장구치고 있는 스스로가 한심해지더라고요.

오오타 그렇군요. 다른 사람의 이야기를 들으면서 자신도 똑같다는 사실을 알게 된 거네요.

기요타 서로의 과거를 잘 알고 있는 친구들과 함께했던 것도 큰 도움이 된 것 같아요. 한창 연애상담을 하다가도 '너도 비슷한 짓 했었잖아'라며 서로의 찌질한 과거를 폭로하기 시작하면 순식간에 상담을 하는 사람이 아니라 받는 사람이 되기도 하거든요. 예전에 제가 했던 일이 반강제적으로 재해석되기도 하고요. 그러면서 '내가 왜 그랬을까……'라며 반성하게 되는 계기가 되었어요.

활동 초기에는 상심한 여자들을 위로해주려는 마음에 일부러 재미있는 이야기도 했는데 억지로 밝은 척하려니 서로 힘들기만 하고 상담 결과도 좋지 않았어요. 오히려 친구들 사이에서 재미없는 녀석으로 통하던 친구에게 사람들의 이야기를 잘 들어주는 능력이 있더라고요. 이런 경험들 덕분에 지금까지 제가 해왔던 것이 대화라기보다 일방적인 프레젠테이션에 가깝단 사실을 깨달았어요.

기요타 이야기를 잘 들어주는 능력은 아주 중요한 키워드라고 생각해요. 프레젠테이션은 잘하지만 대화는 잘 못 하는 사람에게 부족한 능력은 '듣기'와 '이해하기'거든요. 본인은 대화한다고 생각할지 모르지만 자기도 모르는 사이에 프레젠테이션을 하고 있는 남자들이 많아요. 프레젠테이션은 화자와 청자라는 역할이 고정된 일방통행적 소통이지만 대화는 쌍방향

소통이니까요.

기요타 제게는 그 발견이 마치 코페르니쿠스적 전환처럼 느껴졌어요. 내가 말하기보다 상대방의 이야기를 들어야 상담하러 온 사람들을 위로해줄 수 있다는 사실이 저희에게는 큰 깨달음이었거든요. 그래서 그 뒤로는 '이야기 듣기'에 더욱 힘을 쏟았던 것 같아요.

타인의 연애담을 통해 나를 되돌아보다

오오타 사이좋은 친구들과 이야기하다 보면 과거에 저질렀던 실수나 창피했던 일들을 떠올리게 될 때가 많잖아요. 그냥 웃어넘길 수도 있었을 텐데 자신의 내면을 깊이 들여다보는 계기로 삼을 수 있었던 이유는 무엇이었을지 궁금해요.

기요타 남자친구 때문에 상처 입고 고민하는 여자들을 만나보니 남자들끼리 웃고 떠들던 것처럼은 못 하겠더라고요. 남일 같지 않은 기분도 들고, 점점 공감의 해상도가 높아지는 느낌이 든다고 할까요. 당사자의 생생한 반응과 마주하니까 그들의 힘들고 분한 감정이 희미하게나마 '일인칭 시점'으로 느껴졌어요.

오오타 '공감의 해상도'도 중요한 말이네요. 공감의 해상도를 높여야 대화 능력도 좋아지겠지요. 어떻게 하면 그런 아이로 키울 수 있을지가 저의 관심사이기도 해요. 당사자들의 생생한 반응을 통해 '일인칭 시점'의 감정을 느끼셨다고 했는데, 특히 기억에 남는 사연이 있나요?

기요타 남자친구가 자꾸 외모에 대해 트집을 잡는다며 속상해하는 여자가 많았어요. 뚱뚱하다든가 가슴이 작다든가 머리 모양이 마음에 안 든다든가 하면서요. 남자들이 장난처럼 말하니까 여자들은 바로 화를 내지 못하는 것 같더라고요. 하지만 연인 사이에는 사소한 말에도 쉽게 상처받잖아요. 저도 예전에 머리 모양이 이상하다며 놀리다가 여자친구를 울렸던 적이 있거든요. 악의 없이 그저 웃자고 한 말이었는데 그건 저 혼자만의 생각이고 여자친구에게는 상처가 됐을 것 같아서 반성하게 되더라고요.

오오타 남자들의 잘못된 말과 행동이 이혼으로 이어지는 경우도 정말 많아요. 제가 맡았던 이혼 사건 중에는 매일같이 아내에게 '돼지', '살 좀 빼'라며 폭언을 서슴지 않았던 남편도 있었어요.

이런 남편들은 아내로부터 이혼을 요구당해 재판까지 하게 된 상황에서도 자신의 잘못은 인정하려 하지 않아요. 오히려 관계 파탄의 원인이 '나를 이해해주지 않는 아내'에게 있다고 책망하거나 '내게는 아무런 문제가 없는데 아내가 이혼을 원하는 것은 분명 외도 상대가 있기 때문'이라며 근거 없는 비난만 늘어놓지요. 저는 자신의 책임을 다른 사람에게 떠넘기기 바쁜 남자들만 봐와서 그런지 기요타 씨처럼 자신의 잘못을 반성하는 남자를 보면 그 계기가 무엇이었는지 꼭 듣고 싶어지더라고요.

기요타 씨는 제삼자로서 다른 사람의 연애담을 들으며 과거 자신이 했던 일들을 객관적으로 볼 수 있게 된 것이 아닐까 싶은데 맞나요?

기요타 네, 변호사님 말씀이 맞아요. 그리고 덧붙이자면 여러 사람과 함께 여자들의 이야기를 들었던 것도 도움이 되었던 것 같아요. 보통 남자들끼리는 연애 이야기를 잘 안 하거든요. 그래서 친구들에게 자신의 치부나 속사정을 털어놓을 기회도 별로 없어요.

오오타 기요타 씨 말고 함께 활동하는 다른 친구들도 비슷한 변화를 겪으셨나요?

기요타 저를 포함한 모든 친구가 이전까지는 젠더 문제에 전혀 관심이 없었어요. 아직은 저도 제 안에 확고하게 자리 잡은 해로운 남성성을 부정하고 싶을 때도 있고 저도 모르게 변명이 나올 때도 많아요. 하지만 잠시나마 그런 생각에서 벗어나 여자들의 이야기를 논리적으로 이해하기 위해 노력하고 있다는 사실만으로도 충분하다고 생각해요.

자신을 정당화하기 위해 애쓰는 남자

오오타 처음에는 전혀 그럴 생각이 없었는데 자연스럽게 여자들의 이야기에 귀를 기울이게 되었다는 사실이 정말 흥미로워요. 남자들도 변할 수 있다는 희망이 느껴지네요. 해로운 남성성에 집착하기 시작하면 좀처럼 변하기 힘들거든요. 상대방의 이야기를 경청하고 이해하려 노력하는 일 자체가 어려워지지요.

이혼하기 위해 변호사를 찾아오는 여자들 대부분이 '남편과는 말이 안 통해요', '대화 자체가 안 돼요', '아무리 말해도 들으려 하지 않아요'라고 말해요. 그야말로 맨스플레이닝이지요. 자신을 언제나 '여자를 가르치는 사람', '여자를 주도하는 사람'이라고 생각하기 때문에 여자에게 무언가를 배우거나 여자의 말에 따르는 것을 견딜 수 없어 하는 거예요.

기요타 옛날에는 저도 무의식적으로 맨스플레이닝을 했던 것 같아요. 그런데 젠더 문제에 관심을 갖게 된 후에는 여자들 앞에서 잘난 척하다가 미움을 사면 어쩌지 하는 두려움이 생기더라고요. 사회학자인 우에노 지즈코 씨의 책을 보면 여성을 신격화하는 것도 미소지니(여성혐오)의 일종이라고 하더군요. 여자를 잘 모르고, 모르니까 무섭고, 무서우니까 적대시하거나 절대시하게 된다는 내용이었어요. 책을 읽고 딱 제 얘기라는 생각이 들었어요.

오오타 무서워하지 않으셔도 돼요. 여자는 신이 아니라 남자와 똑같은 사람인걸요(웃음).

기요타 제가 어렸을 때부터 축구를 했기 때문에 그 영향도 있는 것 같아요. 운동 능력이나 기술은 차이가 명확히 눈에 보이고 승패도 확실하잖아요. 이런 경험 때문에 저는 이길 수 있을지 없을지를 미리 판단하고, 졌을 때는 빨리 패배를 인정하는 능력을 갖추게 되었다고 생각해요.

그런데 스포츠와 달리 말은 어느 쪽이 우위인지 명확하지 않고 판단이 주관적일 수밖에 없어요. 그래서 분명히 상대방의 주장이 옳은데도 인정하지 않고 어떻게든 변명거리를 찾고 자신을 정당화하기 위해 애쓰게 되는 것 같아요.

특히 남자들이 그래요. AV 감독으로 유명한 니무라 히토시 씨는 이러한 태도를 '가짜 자기 긍정'이라고 표현했어요. 남자들은 대부분 자신의 패배를 쉽게 인정하지 않고 말도 안 되는 억지 논리를 갖다 붙이면서 '진 건 아니야'라고 생각하거든요.

사소한 예를 들자면, 왜 사우나에 가면 오래 참기 대결 비슷한 걸 하게 될 때가 있잖아요. 멋대로 옆에 있는 모르는 사람과 경쟁을 시작하는 거예요. '먼저 나가는 사람이 지는 거야'라고 생각하면서요. 아마 남자라면 한 번쯤 해봤을걸요. 저도 예전에 친구와 사우나에 갔을 때 어쩌다 보니 그런 분위기가 되었는데 결국 친구가 못 참고 저보다 먼저 나가더라고요. 그런데 나중에 그 친구가 글쎄 '난 그냥 더 있기 지겨워서 나온 거야'라고 하더라고요.

오오타 하하하하하.

기요타 '충분히 더 있을 수 있었는데 지겨워서 나온 거야'라는 말도 안 되는 논리를 펼치더라고요(웃음).

오오타 애초에 경쟁할 생각이 없었으니까 '난 진 적 없어'라는 말이네요(웃음).

기요타 경쟁할 일도 아닌데 경쟁의식을 갖는 것도 모자라 억지 논리를 펼치면서까지 패배를 인정하고 싶지 않은 거지요. 그야말로 남자다운 사고방식이랄까요.

오오타 정말 '가짜 자기 긍정'이라 할 만하네요. 어째서 '지면 어때, 질 수도 있지'라고 생각하지 않는 걸까요. 지지 않기 위해 말도 안 되는 논리까지 갖다 붙이며 그럴 필요가 있을까 싶어요. 패배를 인정하면 뭐가 나쁜지, 자신이 약하다는 사실이 왜 무서운지, 왜 불안한지 정말 궁금해요. 오히려 자신의 감정과 마주하고 인정하는 편이 좋은 것 아닌가요? 가짜 자기 긍정을 하게 되면 자신의 감정과 마주할 수도 없고 자신을 속이는 일이 되는데 말이에요. 사우나 정도야 그냥 웃어넘길 수 있지만 정말 중요할 때 그러면 위험하지 않을까 걱정되네요.

언어화 능력의 차이는 왜 생길까

오오타 기요타 씨와 이야기를 나누며 느낀 건데 역시 언어화 능력이 중요한 것 같아요. 보통 남자들이 자신의 감정을 언어로 표현하는 데 서투르다고 하는데 태어났을 때부터 그렇지는 않았으리라 생각하거든요. 여자는 여자로서의 경험을 통해 자신의 내면을 말로 표현하는 연습을 거듭하다 보니 남자보다 잘하게 되는 것이 아닐까 싶어요. 하면 할수록 실력이 느는 근력운동처럼.

기요타 저도 그렇게 생각해요. 남자와 여자는 '대화의 근력'에서 큰 차이를 보이지요. 남자들은 연애담을 이야기할 때도 상황을 구체적으로 설명하지 못하고 내용 자체가 너무 두루뭉술해서 도대체 무슨 이야기를 하고 싶은 건지 알 수 없을 때가 많아요.

오오타 아무래도 자신이 마이너리티에 속해 있으면 경험을 말로 표현하는 능력이 발달할 수밖에 없지요. 우리는 일본에서 태어난 일본인이라 국내에서는 메이저리티에 속하기 때문에 평소에 자신의 민족성에 대해 설명할 필요가 거의 없잖아요. 하지만 민족적으로 마이너리티에 속하는 사람들은 항상 자신이 누구인지 의식하고 말로 설명해야 할 거예요. 제가 해외에 나가 살게 되면 저 또한 저의 민족성에 대해 생각하고 언어화해야겠지요.

일본 사회에서 일본 국적이면서 시스젠더[9]이고 이성애자이며 건강한 남자는 자신이 메이저리티에 속한다는 사실조차 모른 채 살아가고 있을 거예요. 마이너리티에 속하는 사람들과 달리 자신이 속한 속성과 관련된 문제를 말로 표현할 일 자체가 극히 드물지요. 그러다 보니 어떤 문제가 생겼을 때 말로 표현하지 못할 뿐만 아니라 문제를 인식하는 데도 시간이 오래 걸리는 것 같아요.

기요타 '감정의 언어화'는 정말 중요한 개념이지만 아마도 남자들은 그 말조차 이해하지 못할지 몰라요. 자신들이 말로 표현하는 데 서툴다는 생각조차 하지 않을 테니까요.

오오타 그러네요. 말로 표현할 수 없어서 곤란했던 경험 자체가 적기 때문에 언어화하고 있지 않다든가, 언어화를 잘하지 못한다는 생각 자체를 못 할지도 모르겠네요.

기요타 《소셜 메이저리티 연구》[10]라는 책을 보면 감정의 언어화 메커니즘을 이렇게 설명해요. 일단 먼저 몸속에서 어떤 반응이 생겨나고, 그 반응에 언어 라벨이 붙여지지요. 그리고 반응과 라벨이 서로 연결되면서 비로소 언어화가 실현되는 거예요. 여기에서 말하는 신체 반응은 배가 사르르 아파진다거나 호흡이 가빠진다든가 식은땀이 나는 것들을 말해요. 이러한 신체 반응이 일어나면 '이 반응은 긴장 때문이다', '겁먹어서 그렇다'라는 등의 문맥적 이해가 일어나고, 그때 처음으로 감정이 언어로 바뀌는 거지요. 이 과정이 원활하게 이루어지려면 어느 정도 훈련이 필요하고 습관화되어야 해요. 습관이 없으면 아예 신체 반응을 감지하지 못할 수도 있고 실제 감정과 전혀 다른 언어 라벨이 붙여질 수도 있어요. 사실은 무서워서 다리가 떨리는 건데 '흥분해서 몸이 떨리는 거야'라고 생각하면서 마음 깊은 곳의 공포를 무시하기도 하지요. 특히 남자들이 그러는 것 같아요. 자신을 불쾌하게 하거나 불안하게 만드는 원인을 정확히 알 수 없으면 무조건 '빨리 없애버리자'라고 생각하거든요. 아예 입을 다물어버리거나 타인에게 폭력을 행사하게 되는 거지요.

오오타 그래서 가까운 여자나 인터넷상의 페미니스트들이 공격대상이 되는 거군요.

기요타 저는 얼마 전에 쌍둥이 아기들이 태어나서 요즘 한창 육아 중인데요. 아기들이 딱 그런 것 같아요. '불편해, 불편한 원인을 없애줘'라며 무작정 울거든요. 그런 느낌에 가깝다는 생각도 들어요.

오오타 기요타 씨의 책에 남자는 '자신의 감정에 대한 해상도가 낮다'는 표현이 나오잖아요. 저는 그 표현이 아주 정확한 표현이라고 생각해요.

기요타 '나는 불쾌하다, 내가 불쾌한 것은 전부 당신 탓이다' 같은 것은 언어화라고 볼 수 없지요.

오오타 사십 년, 오십 년 넘게 살아도 자신의 감정을 말로 표현하지 못하는 남자들을 어떻게 하면 좋을지 참 고민이네요.

가정폭력이나 정신적 폭력을 행사하는 가해자들의 전형적 행동 중에 '의도적 대화 생략'이라는 것이 있어요. 아내와의 대화를 의도적으로 거부하고, 거부하는 태도를 노골적으로 드러내는 거지요. '너와는 대화할 필요가 없어'라고 직접 말하지는 않지만, 아내가 말을 걸어도 표정 하나 바꾸지 않은 채 들리지 않는 척을 해요. 거실에서 마주쳐도 마치 아무도 없는 것처럼 행동하고 서로 부딪쳐도 부딪친 일조차 없었던 것처럼 행동하지요. 제가 맡았던 이혼 사건에서 실제로 이런 사람이 있었어요.

기요타 정말 너무하네요.

오오타 대화가 차단되니 아내는 불안해지고 남편 눈치만 보며 전전긍긍할 수밖에 없지요. 사소한 행동을 할 때마다 남편의 의중을 헤아려야만 하고요. 그런데도 남편은 '아내가 자신의 의지로 그렇게 행동한 것일 뿐, 나는 강요한 적 없다'고 말해요. 하지만 이러한 아내의 행동은 남편이 의도한 정신적 폭력의 결과나 마찬가지예요.

남편이 몇 개월이나 아내를 무시한 탓에 아내는 어디 말도 못 하고 혼자 앓다가 주위 사람들이 깜짝 놀라 정도로 살이 빠졌는데 그래도 남편은 대화를 거부하는 이유를 알려주지 않았어요. 나중에 재판장에서 판사가 '왜 대화를 거부했나요?'라고 물어보자 그제야 남편은 '말하지 않아도 아내가 알아주길 바랐다'라고 대답하더라고요.

기요타 말로 표현하지도 않으면서 알아주기를 원했던 거네요. 아주 악질인데요.

오오타 대화는 상대방을 대등한 존재로 보지 않으면 불가능한 거니까요. 하인은 굳이 설명하지 않아도 명령만 내리면 알아서 다 하잖아요. 그 남자에게 아내는 그런 존재였던 셈이에요.

오오타 조금 전 말씀하셨던 사우나 이야기를 듣고 생각난 건데요. 저희 아들들도 정말 사소한 일로 서로 경쟁하거든요. 그러다가 지기라도 하면 분해서 울음을 터트릴 때도 있어요. 그럴 때마다 '뭐가 그렇게 분한 건데? 엄마한테 말해보렴'이라고 물어보는데, 둘째는 아직 말이 서툴러서 그런지 '몰라! 나빠!'라고만 말해요. 전혀 대화가 되질 않는다니까요.

기요타 아하하하하.

오오타 그럴 때 '너는 지금 이런 기분이구나'라며 지레짐작해서 말해버리면 아들의 언어화 기회를 제가 빼앗는 것이 아닐까 걱정되더라고요. 그래서 일부러 아무 말도 하지 않고 '말하지 않으면 알 수 없으니까 말로 표현해봐'라고 타일러요. 사실 아들들을 태어날 때부터 봐왔으니까 대충 어떤 기분일지 충분히 알지만 꾹 참는 거지요. 전에는 한번 첫째에게 '미안, 사실 엄마는 네가 어떤 기분인지 아는데 일부러 모르는 척하는 거야. 네가 스스로 말하는 게 중요하거든'이라고 말했더니 첫째가 울면서 이렇게 대답하더라고요. '나도 엄마가 다 아는 거 알아. 그래서 말 안 하는 거라고.'

기요타 아드님도 자기 나름대로 언어화를 하고 있던 거였네요.

오오타 그러니까요. 스스로 그 정도로 자각하고 있다면 일단은 그냥 놔둬도 괜찮겠다는 생각이 들었어요.

기요타 여자들이 남자보다 말로 표현하는 훈련이 훨씬 더 잘 되어 있는 경우가 많은데 그 이유는 뭘까요?

오오타 저는 사춘기 시절부터 고민이 있을 때나 불안할 때 일기장에 일기를 쓰면서 정리하면 마음이 편안해지더라고요. 어른이 된 후에는 친구와 대화하거나 메시지를 주고받으면서 풀 때가 더 많아졌지만요. 오히려 말로 하지 않으면 답답하지 않나요? 도대체 남자들은 말도 안 하고 어떻게 답답한 마음을 해결하는지 궁금할 정도예요.

남자는 '성공 스토리'에 약하다

기요타 언어화에 대해 얘기하다 보니 기억나는 것이 있네요. 고등학생 시절에 친구 세 명과 좋아하는 여자애한테 고백하는 방법을 고민한 적이 있어요. 좋아하는 사람이 생기면 그 사람과 대화도 하고 공통점도 찾아서 거리를 좁혀나가는 것이 순서잖아요. 합리적인 방법이기도 하고요. 그런데 그때 저희는 왜 그랬는지 모르겠지만 '자, 그럼 달리자!'라는 결론으로 끝이 났지요.

오오타 네? 왜요?(웃음)

기요타 '지금부터 운동장 열 바퀴를 쉬지 않고 달리면 그 애랑 사귈 수 있어!'라고 생각했거든요(웃음). 아마 남자라면 한 번쯤 이런 생각을 해봤을 거예요. 육상 경기에서 좋은 성적을 올리면 고백한다든가 하는 것들 있잖아요.

오오타 아아, 알 것 같아요.

기요타 좋아하는 사람과 가까워지고 싶으면 대화를 통해서 관계를 구축하고 거리를 좁히기 위해 무엇이 필요할지 생각해야 하잖아요. 그렇게 합리적인 방법이 아니라 '내가 열심히 해서 시련을 극복하면 연애도 할 수 있어!'라고 생각하는 거예요. 그래서 연애와는 전혀 상관없는 목표를 자기 멋대로 정해놓고 그 목표를 달성하기 위해 노력하는 거지요. 그때 저와 친구들은 진심으로 그렇게 생각했던 것 같아요.

오오타 열심히 노력한 결과로서의 트로피랄까, 일종의 보상인 셈이네요. 고등학생 때는 어려서 괜찮지만, 그 생각 그대로 어른이 되면 연애나 결혼도 무언가의 보상이라고 생각하게 될 우려가 있어요. '트로피 와이프'라는 말처럼 배우자나 연인을 자신과 대등한 파트너가 아니라 자신의 성공에 따라오는 일종의 재화처럼 생각하는 거지요. 그런 사람은 다른 사람에게 자신의 파트너를 자랑하기에만 바쁘고 정작 파트너를 소중하게 여기지 않는 경우가 많아요.

기요타 열심히 일하는 것과 가족을 위하는 일을 동일시하는 남자도 많잖아요. 그런 사람은 아내가 집안일이나 육아를 도와주지 않는다며 불평하면 '나는 회사에서 힘들게 일하고 왔는데'라며 오히려 화를 내지요. 한 가족으로 함께 생활하는 일과 회사에서 일하는 것은 전혀 별개의 일인데 이상하게 그 둘을 연결해서 생각하더라고요. 이혼 사건에도 이런 남자들이 많지 않나요?

오오타 무척 많답니다. 그런 남자들은 내가 회사에서 몸과 마음이 부서져라 일했으니 아내와 아이가 당연히 자신을 존경하고 위로해주리라 기대해요. 그 기대가 충족되지 않으면 분노를 느끼지요. 하지만 아내도 아내의 일이 있잖아요? 아내도 똑같이 피곤한데 항상 남편이 원하는 대로 해줄 수는 없는 노릇이지요.

기요타 회사 일이 너무 바빠서 아내와 대화할 시간도 없이 일하던 남편이 있었는데요. 간신히 일을 끝내고 기쁜 마음으로 아내에게 '드디어 끝났어'라고 말했더니 아내는 '그래? 수고했네'

라며 심드렁하게 대답한 거지요. 아내는 그동안 남편과 대화가 전혀 없었으니 남편이 얼마나 힘들었는지도 몰랐던 거예요. 그런데 남편은 자신의 고생을 몰라주는 아내의 태도에 화가 나서 '내가 이렇게 힘들게 일했는데 고작 그게 다야?'라며 분통을 터트렸던 거지요.

오오타 충분히 있을 법한 일이네요.

찜찜한 마음으로 침묵하지 않는 것

기요타 성폭력사건, 치한, 성차별적 광고, 남자 유명인의 불륜과 같은 문제가 발생할 때마다 남자들의 편견과 성차별 의식이 도마 위에 오르지요. 아무래도 같은 남자라서 무작정 비판하지 못하고 자기도 모르게 옹호하는 경우도 꽤 있는 것 같아요. TV의 보도 내용이나 인터넷 뉴스의 댓글만 봐도 알 수 있지요. 그럴 때마다 저는 남자들이 '서로의 고추를 인질로 삼은 채 연대하고 있다'는 생각이 들더라고요.

오오타 아하하하하.

기요타 여자들의 비판에 동조하기라도 하면 '너는 남자 아니냐'며 비난하는 사람도 있고요.

오오타 맞아요. 그래서 여자들의 목소리를 이해하고 의견에 동의하는 남자들이 자기 생각을 표현하기 쉽지 않지요. 같은 남자들로부터 비난받을까 봐 두려워서요.

기요타 아마 대부분의 남자는 성인물을 본 적이 있고 유흥업소에 가본 사람도 적지 않을 거예요. 사실 성차별적 편견을 아예 갖고 있지 않은 사람은 드물지요. 그래서 남자들은 항상 '찜찜함'을 느끼고 있는 것 같아요. 치한 피해를 입은 여자에게 '네 잘못도 있다'라고 말하거나 성차별적 광고를 비판하는 사람들을 향해 '이게 차별이면 차별이 아닌 것이 어디 있느냐'며 되레 소리를 높이는 행동의 배경에는 이러한 '찜찜함'이 존재한다고 생각해요.

언어화 문제와도 관련지어 생각해볼 수 있어요. 떳떳하지 못한 느낌과 위화감, 왠지 모를 거부감 같은 감정을 제대로 말로 표현할 수 없어서 오히려 반발하게 되는 것은 아닐까요? 가해자 편에 서서 남자를 옹호하거나 괜히 나섰다가 싫은 소리를 들을까 봐 아예 무시하는 태도도 마찬가지라고 생각해요. '나도 완벽하게 떳떳하지 않지만, 이 문제는 잘못되었어'라고 논리적으로 생각하고 당당하게 밝힐 수 있으면 좋을 텐데 참 안타까워요.

오오타 '시끄러운 페미니스트들 때문에'라든가, '인터넷상에서 페미니스트들이 주장하는 내용은 진짜 페미니즘이 아니다'라는 말들은 문제의 본질과 크게 벗어나 있음에도 불구하고 그대로 수용하지요. 자신들이 받아들이고 싶은 내용이니까요.

사회학자인 우에노 지즈코 씨는 "단어를 모르면 표현하지 못하는 것이 당연하다. 페미니스트들이 해온 일은 '이것은 성추행이다', '이것은 가정폭력이다'라고 이름을 지어준 것"이라고 말했어요.[11] 남성학도 남자들이 지금까지 말로 표현하지 못한 감정이나 상황들을 언어로 표현하기 위해 힘쓰고 있어요. 남성학을 통해 남자들의 언어화가 활발해진다면 지금보다 훨씬 자유로운 삶을 살아가는 남자들이 많아지리라 기대해요. 아마 많은 남자가 지금의 사회에서 한계를 느끼고 있을 테니까요.

진보적인 언어의 필요성

기요타 저는 '언어' 자체에도 문제가 있다고 생각해요. 와세다대학에서 셰익스피어 등의 영미연극을 연구하시면서 '근대' 문제를 연구하는 교수님이 하신 말씀인데요.

'사회Society', '개인Individual', '자유Liberty'와 같은 근대적 개념은 메이지 시대에 유럽을 통해 들어왔지요. 원래 일본에는 존재하지 않았던 개념이었기 때문에 당시의 지식인들은 이 말들을 어떻게 번역해야 할지 무척 고심했다고 해요. 백 년이 넘은 시간이 흐른 지금은 '사회', '개인', '자유'라는 말을 원래 우리말이었던 것처럼 사용하고 있지만, 그 단어에 담겨 있는 근본적인 의미를 제대로 이해하는 사람은 거의 없을 것 같아요. 우리가 사용하는 '개인'이라는 말에는 영어의 Individual이 뜻하는 '더는 나눌 수 없는In-divide 사회의 최소 단위'라는 뉘앙스는 없으니까요. '자유'라는 말도 에도시대까지는 '제멋대로인'이라는 의미로 사용되었다고 해요. 지금보다 훨씬 부정적인 의미이지요.

이처럼 '인권'이나 '평등', '관계성'이라는 단어도 진짜 어떤 의미인지 정확히 이해하는 사람이 과연 있을까요?

오오타 '차별'이라는 말도 그렇지요. 단어의 의미가 정확히 공유되지 않았기 때문에 같은 문제를 두고 차별이라는 둥 차별이 아니라는 둥 논쟁이 벌어지잖아요. 아예 반대로 '남성 차별'이라고 말하는 사람도 있고요.

기요타 특히 진보적인 개념의 말들에 그런 논란이 많은 것 같아요. 단어의 정의가 정확하지 않으면 애초에 논의가 불가능한데 말이에요. 이렇게 생각하니 정말 언어 문제가 심각한 것 같네요.

오오타 맞아요. 그래서 저는 헌법 카페 등에서 이야기할 때 되도록 평이하고 일상에서 많이 쓰는 단어를 사용하려고 노력하고 있어요.

기요타 저도 스스로 진보적인 사람이라 생각하기 때문에 이런 단어들을 별생각 없이 사용할 때가 많은데요. 실생활과 괴리가 있다 보니 정확하게 이해하지 못한 채 다들 그저 좋은 말이구나 정도로만 생각하는 것 같아요. 예전에 해외의 한 방송 프로그램을 보다가 고등학생들이 심각하게 정치에 대해 토론하는 것을 보고 깜짝 놀란 적이 있어요. 아마도 그들은 일상생활과 토론에서 똑같은 말을 쓰기 때문에 가능한 일이라 생각해요. '기본적 인권', '양성평등' 같은 말은 서양인들에게는 몇백 년에 걸친 투쟁을 통해 획득한 개념이지만, 우리는 그 말에 담긴 역사를 실감하기 어렵잖아요. 지금이라도 '진보적인 언어'를 다시 공부할 기회가 많아졌으면 좋겠어요.

이것도 은사님이 해주셨던 말인데요. 일본인은 헌법이 만들어지고 75년이 지난 지금에야 비로소 헌법에 적혀 있는 내용을 조금씩 내재화하고 있는 단계라고 해요. 거창한 이야기가 되어버렸지만, 진보적인 개념을 내재화하는 과정에서 자기 자신은 물론 젠더, 사회, 남성성에 이르기까지 다양한 문제들을 더 깊이 생각해볼 수 있었으면 합니다.

제3장

달라진 세상에는 달라진 성교육이 필요합니다

개인차는 있겠지만, 사춘기에 접어들면 남녀 모두 성적 행동을 시작하게 돼요. 사춘기에 출처가 불명확한 이야기나 편견으로 가득 찬 성인용 콘텐츠를 통해 성에 대한 정보를 접하게 되면 자신과 타인을 위험에 빠트리는 성적 행동을 하게 될 수 있어요. 자녀의 성별과 상관없이 아이가 있는 부모라면 누구나 이러한 위험성에 주의해야 해요.

요즘 아이들에게
'포괄적 성교육'이 필요한 이유

저는 십구 년 동안 변호사로 일하면서 여중생의 임신과 관련된 사건을 네 번 맡았어요. 현재 일본은 학교에서의 성교육이 매우 부족한 상황이에요. 그래서 아이들은 자신과 타인의 몸을 존중해야 한다는 사실과 섹스가 갖는 의미를 전혀 배우지 못하고 있어요. 섹스는 남녀의 대화 수단인 동시에 공격 수단이 될 수 있다는 사실은 물론이고, 피임을 어떻게 해야 하는지, 섹스할 때 주의해야 할 것은 무엇인지 모르는 상태에서 갑자기 사회로부터 성과 관련한 다양한 정보를 접하게 되는 거예요.

아사히신문의 설문 조사에 따르면 중학생 무렵에는 90%의 사람이 '섹스(성교)'의 의미를 알게 된다고 합니다. 그 정보를 어디서 접했느냐는 질문에는 93.6%가 학교가 아니라 친구, 미디어 등을 통해 알았다고 답했어요(그림1 참조). 친구와 미디어로부터의 정보는 모호하고 부정확할 가능성이 커요. 학교가 적절한 성교육을 통해 올바른 정보를 가르쳤다면 십 대 청소년의 임신이나 중절은 충분히 예방할 수 있었을지 몰라요.

저는 인권교육 측면에서도 학교에서 충분한 성교육을 해야만 한다고 생각해요. 다만, 학교에서의 성교육이 부족한 지금은 부모가 적극적으로 나서서 남자아이들에게 최소한의 교육을 할 필요가 있어요. 직접 알려주는 것이 어렵다면 성교육 책이나 만화를 추천하거나 함께 읽어보는 것도 좋은 방법이랍니다.

이번 장에서는 사춘기가 된 남자아이들이 성적 행동을 시작하기 전에 알아야 할 최소한의 지식에 대해 말해보려 해요.

'포괄적 성교육'이란 말을 들어보셨나요? 일본에서는 아직 낯선 말이지만 국제적으로는 1990년대부터 사용되는 개념이에요. 포괄적 성교육은 '성(섹슈얼리티)'을 섹스나 출산에 한정하지 않고 타인과의 관계 등을 포함한 인간의 심리적, 사회적, 문화적 측면을 바탕으로 한 폭넓은 인권 문제로서 가르치는 것을 목표로 해요. 2009년에 유네스코에서 발표한 '국제 성교육 가이드'는 포괄적 성교육을 바탕으로 각 성장단계에서 필요한 교육 내용을 구체적으로 명시하고 있습니다.

이 가이드의 가장 큰 목표는 성의 다양성을 존중하고 아이들과

| 그림1 아사히신문 디지털판의 설문조사 결과 |

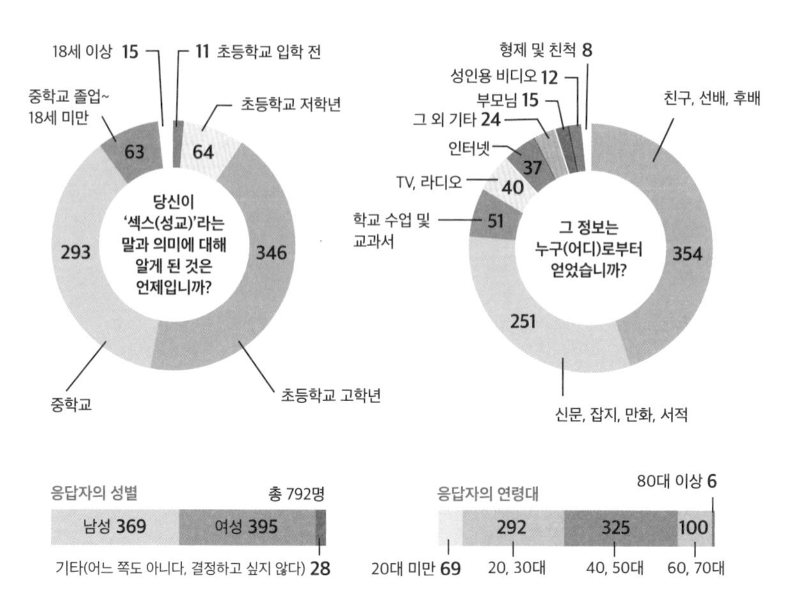

출처 〈성교육 어디까지 왔나(2) 현황〉(아사히신문 2018년 5월 14일 조간)

청년이 성적, 사회적으로 책임 있는 판단과 선택을 할 수 있도록 지식과 기술, 가치관을 가르치는 것입니다. 가이드는 5~18세까지를 4단계로 나누고 주제별로 각 연령대에서의 학습 목표를 제시하고 있어요. 예를 들어 5~8세는 생식단계로 학습 목표는 '아기가 어떻게 생기는지를 설명한다'이고, 9~12세 단계에서는 성교를 통한 임신 과정과 함께 기본적인 피임 방법을 배우는 것을 목표로 두고 있어요(그림2 참조).

해외의 많은 나라에서 이 가이드에 따라 유아기부터 포괄적 성교육을 시행하고 있어요. 핀란드에서는 초등학교 저학년 때부터 '페니스Penis', '바기나Vagina'와 같은 용어와 기능을 가르치고, 8학년(14세)에는 피임의 중요성과 방법을 가르쳐 책임 있는 성행위를 하도록 교육하고 있어요. '클리토리스는 특히 자극에 민감한 부위이므로 남성의 발기조직과 유사하다' 등과 같이 성적 쾌락과 관련한 내용도 가르친다고 하네요.

프랑스에서는 과학 수업에서 성의 다양성과 성적 쾌락을 배웁니다. 피임 방법에 대한 교육도 매우 구체적이어서 여성용 콘돔 사용법과 경구피임약 복용을 까먹었을 때 어떻게 대처해야 하는지 알려주고 있어요. 유럽이나 미국뿐만 아니라 이웃나라인 한국에서도 성폭력 위기에 처했을 때의 대처 방법이나 피해를 당했을 때 연락 가능한 상담처 등 성폭력으로부터 몸을 지키는 일을 중요하게 가르치고 있어요.

반면, 일본에서는 초중고교 어느 곳에서도 성교를 구체적으로 가르치지 않아요. 중학교 보건체육 과목에 생식에 대한 내용이 나오기는 하지만 '수정, 임신까지를 다루며 임신의 경과는 다루지 않는다'라고 되어 있어요. 다시 말해 '성교'를 언급하지 않는다는 말이에요(이른바 '금지 규정').

성교를 언급하지 않고 생식과 임신을 가르치는 일이 어떻게 가능한지 저는 도무지 상상할 수 없지만, 일본에서는 지금까지 이렇게 교육해왔답니다. 그나마 최근에는 학교와 교사들이 노력한 덕분에

| 그림 2 유네스코 '국제 성교육 가이드' 예시(생식 관련) |

레벨 1 (5~8세)	아기가 어떻게 만들어지는지를 설명한다. - 난자와 정자가 결합하여 아기가 생긴다. - 배란, 수정, 수태, 임신, 분만 등 여러 단계를 거친다.
레벨 2 (9~12세)	임신 방법 및 임신을 피하는 방법을 설명한다. 피임 방법을 확인한다. - 무분별한 성교는 임신이나 HIV 등 성감염증에 감염될 가능성이 있다. - 항상 콘돔 등 피임기구를 올바른 방법으로 사용하면 의도하지 않은 임신과 성감염증을 예방할 수 있다. - 저연령대의 결혼, 임신, 출산은 건강상 위험이 있다. - HIV 양성인 여성도 건강하게 임신할 수 있으며 아기에게로의 감염 위험을 줄일 수 있다.
레벨 3 (12~15세)	임신의 징후, 태아의 발달과 분만 단계를 설명한다. - 임신은 검사로 판별할 수 있는 징후와 증상이 있다. - 임신 중의 영양부족이나 흡연, 알코올 섭취, 약물복용은 태아의 발달에 영향을 준다.
레벨 4 (15~18세)	생식, 성적 기능, 성적 욕구의 차이를 구별한다. - 파트너와의 성적 관계에서는 항상 쌍방의 합의가 중요하다. - 의도하지 않은 임신이나 성감염증을 예방하는 방법을 사전에 생각해야 한다. - 모든 사람에게 생식능력이 있는 것은 아니다. 불임 치료 방법도 있다.

출처 도쿄신문 2018년 4월 7일 조간

중학생에게 성교와 피임, 중절에 대해 가르칠 수 있게 되었고, 뜻있는 교사들이 이러한 성교육에 동참하고 있어요. 하지만 소수의 주체적 행동에 그치고 있는 것이 현실이에요. 공교육을 통한 포괄적 성교육은 아직 먼 나라 이야기에 불과하지요.

학교에서 하는 성교육만으로는 부족합니다

도대체 어쩌다가 이런 상황이 되었을까요? 일본에서도 90년대에 성교육 붐이 일었던 적이 있었어요. 하지만 성교육의 의의를 바르게 이해하지 못한 채 색안경을 끼고 바라보던 사람들의 몰이해 때문에 오히려 성교육을 실천해오던 교사들이 비난받는 일이 발생했어요. 그 뒤로 일본에서 성교육을 터부시하는 분위기가 생겨났어요.

그 대표적인 예가 2003년 도쿄도 히노시의 도립 당시 나나오양호학교에서 있었던 사건입니다. 학교에서 장애아동을 대상으로 실시한 성교육을 두고 여러 정치인과 매스컴이 '아이들에게 외설적 콘텐츠를 노출했다'라며 이의를 제기한 사건이에요. 이 일로 학교는 성교육을 어쩔 수 없이 중지해야만 했어요(이 사건은 대법원까지 가는 소송으로 이어졌지만, 결국 정치인의 개입이 부당하다고 판결났음). 이 사건을 계기로 일본의 성교육은 다른 국가들에 비해 크게 뒤처지게 되었어요.

나나오양호학교의 성교육을 문제 삼았던 정치인은 비교적 최근인 2018년 3월에도 아다치구의 한 중학교에서 성교와 피임, 인공중절에 대해 가르치는 것이 부적절하다며 문제를 제기했어요. 도쿄도 교육위원회는 '중학생의 발달 단계에 맞지 않는 수업이므로 시정하도록 조치하겠다'고 답변했어요. 하지만 이에 대해 여론이 거세게 비판하자 교육위원회는 기존의 입장을 뒤집고 '학교의 교육을 존중한다', '일선 교사들은 위축되지 말고 교육할 것'이라는 방침을 발표했어요. 나나오양호학교 사건과 똑같은 수법으로 교육현장에 부당하게 개입하려던 정치인의 시도를 무사히 막아낸 것이지요. 이처럼 일본에서 올바른 성교육을 하려면 일부의 몰지각한 공격과도 맞서 싸워야 하는 것이 현실이랍니다.

아이들이 자신의 성을 소중히 여길 수 있도록 성적 쾌락은 물론이고 구체적인 피임 방법과 성폭력으로부터 몸을 지키는 방법을 가르치는 나라들과 비교하면 일본의 성교육은 어처구니없을 정도로 뒤떨어져 있어요. 일본도 의무교육 단계부터 국제 기준을 바탕으로 한 포괄적 성교육을 해야 함이 마땅하지만, 지금 상황으로는 언제 가능할지 기약이 없어요. 제 아들들이 학교에 다니는 동안에도 어려울 것 같아 암담하네요.

앞서 대담을 나누었던 기요타 씨는 중학교 1학년 때 처음으로 몽정을 경험했는데 무서워서 근처 공원에 속옷을 버리러 갔다고 해요.[12] 제대로 된 성교육을 받지 못했기 때문에 자신의 신체 변화에 불안을 느끼고 지레 겁을 먹었던 거지요.

본래 포괄적 성교육은 학교에만 맡겨둘 것이 아니라 가정에서도 육아의 일환으로 이루어져야 해요(독일은 성교육을 부모의 임무로 규정하고 있음). 학교에서의 성교육이 불충분한 지금, 가정에서 아이들을 위한 그림책이나 만화 등을 활용한 성교육에 더욱 힘써야 하는 이유입니다.

포르노 콘텐츠와 마주하는 법

일본 아이들도 국제 기준에 맞추어 포괄적 성교육을 받을 수 있다면 좋겠지만, 유감스럽게도 현실은 여의치 않아요. 아이들은 지금도 각종 미디어와 친구들 사이에서 떠도는 이야기를 통해 성과 관련한 지식을 얻고 있어요. 특히 사춘기 남자아이들이 성에 대한 정보를 얻는 가장 일반적인 경로는 AV나 만화, 게임과 같은 성인용 콘텐츠인 게 현실이에요. 요즘은 인터넷을 통하면 동영상이나 웹툰 등을 손쉽게 볼 수 있으니까요.

사춘기 때 성인용 콘텐츠에 관심을 갖고 보고 싶어 하는 것은 무척 자연스러운 현상이에요. 하지만 성인 남성을 대상으로 한 성인용 콘텐츠에 등장하는 성행위는 어디까지나 '남자를 위한 판타지'에 가깝기 때문에 여자의 몸과 마음에 대한 배려가 담겨 있지 않아요. 성인용 콘텐츠를 보고 무턱대고 따라 하다가는 여자에게 상처를 입힐 가능성도 있지요. AV에 자주 등장하는 여자의 얼굴에 정액을 뿌리는 행위나 질 안에 손가락을 넣고 거칠게 움직이는 행위는 대표적인 위험한 행동이라 할 수 있어요.

이러한 비판을 의식한 탓인지 최근에는 AV 제작사들이 나서서 'AV는 판타지입니다', 'AV는 교과서가 아닙니다'라는 메시지를 걸기도 하더군요.

2018년 쥬오대학의 축제에서 학생들이 주최한 'AV의 교과서화에 대해 말한다'라는 강연회가 열렸어요. AV 배우 세 명과 AV 제작사의 사장, 산부인과 의사가 강연자로 참여했고, 약 천여 명의 사람들이 몰려들었다고 해요. 강연회를 취재했던 프리랜서 기자인 오가와 다마카 씨의 기사를 잠시 살펴볼게요.

> ______ 강연회에 참여한 사람들이 반복해서 강조한 것은 'AV는 픽션', 'AV는 판타지'라는 사실이다. 프로가 제작하는 픽션이기 때문에 현실에서 섹스할 때 흉내 내려 하면 안 된다는 것이다. AV에 자주 등장하는 질내정사도 진짜인 것처럼 보이지만 사실은 남자배우가 카메라에 잡히지 않는 곳에서 콘돔을 착용하고 촬영한다고 한다.[13]

강연자로 나선 AV 남자배우는 '고급 외제차를 몰고 다니는 남자보다 아무 말 없이 콘돔을 끼는 남자가 훨씬 멋있다', '콘돔 때문에 쾌감을 느끼지 못한다는 말은 진짜 섹스를 모른다는 증거'라고 말했다고 해요.

또, 인터넷에는 몰래 촬영한 도촬 사진이나 영상도 마치 포르노인 것처럼 퍼져 있어요. 도촬은 명백한 범죄행위인데도 손쉽게 할 수 있는 탓인지 사람들이 느끼는 죄의식이 적어요. 하지만 도촬을 당한 사람은 큰 정신적 충격을 받을 뿐 아니라, 사진이나 영상은 일단 인터넷에 퍼지면 원천 데이터를 삭제해도 인터넷상에 반영구적으로 남아 피해가 지속될 수 있어요. 도촬한 것임을 알면서도 사진이나 영상을 보는 행위는 범죄에 가담하는 것과 마찬가지라는 사실을 기억해야 해요.

포르노를 제작하는 과정에서 인권침해가 발생한다는 점도 포르노 소비의 심각한 문제라고 할 수 있어요. 최근에 '모델 스카우트'라고 여자를 속이거나 협박해서 강제로 AV에 출연시키는 일이 사회적 문제가 되기도 했지요. 제작사들도 문제를 인식하고 개선하기 위해 애쓰고 있지만, 그 성과는 아직 미지수예요.

앞으로 포르노를 소비할 때는 지금 내가 누군가의 상처와 고통을 소비하는 것은 아닐지 생각해보고 소비자로서 제작과정에도 관심을 가질 필요가 있어요.

성에 대한 정보 없이
AV를 접하는 사춘기 아이들

앞서 소개한 쥬오대학의 강연회에 참여한 AV 남자배우 중 한 사람인 스즈키 잇테츠 씨는 한 인터뷰[14]에서 이런 말을 했어요.

"남자를 위한 AV에서는 섹스를 하기까지의 과정은 대부분 생략되지요. 오죽하면 '만난 지 3초 만에 합체' 같은 시리즈가 인기를 끌겠어요."

"제가 출연하는 여자를 위한 AV는 섹스하게 되는 과정에 대한 이야기를 자세하게 다루어요. 여자를 위한 AV에서 가장 중요한 것은 누군가에게 사랑받고 소중하게 여겨지는 기분이니까요. 두 사람이 어떻게 만났는지, 어떻게 사랑에 빠지게 되었는지를 구체적으로

담을 수밖에 없지요."

스즈키 씨가 출연하는 여자를 위한 AV 시리즈 'SILKLABO'는 남자를 위한 AV를 보고 섹스를 배운 남자들이 대부분 잘못된 섹스를 하고 있다는 문제의식에서 시작되었다고 해요. 제작진도 전부 여자들이라고 하더군요. 판타지라는 점에서는 여자를 위한 AV도 마찬가지이지만 남자를 위한 AV와 어떻게 다른지를 이해하면 AV를 보는 눈을 키우는 데 도움이 되리라 생각해요.

페미니스트 포르노의 선구자로 불리는 스웨덴 출신의 영화감독 에리가 러스트는 이렇게 말했어요. "대부분의 포르노 작품에는 남자가 여자를 지배하는 관계만 존재하지만, 현실에는 훨씬 다양한 섹스 형태가 존재한다. 나는 그런 다양함을 표현하고 싶다", "어떻게 섹스를 하는지뿐만 아니라 사람들이 섹스를 하며 어떻게 느끼는지, 어떻게 대화하는지를 담고 싶다"라고 말이지요.[15]

개개인의 성적 취향과 판타지는 제각각이에요. 하지만 많은 여자가 섹스를 통해 얻고자 하는 것은 육체적 쾌감보다 상대방과의 커뮤니케이션과 안도감이라고 생각해요. 스즈키 씨의 말처럼 여자를 위한 AV가 두 사람의 관계성을 자세하게 묘사하는 것도 그 때문이지요.

이와 달리 남자를 위한 AV는 남자의 지배욕을 충족시키기 위한 판타지에 불과하다는 점과 섹스에 이르는 과정이 생략되어 있다는 점에서 우려되는 부분이 있어요. AV를 즐기는 것을 잘못되었다고는 할 수 없지만, 자신이 즐기는 판타지의 내용이 '상호 소통 없는 일방적인 행위, 즉 여자의 몸을 이용해서 남자의 지배 욕구를 채우기 위한 것'에 불과하다는 사실은 알고 있어야 하지 않을까요? 여자의 주체성과 의사를 무시한 폭력적 장면을 보면서 일반적인 섹스라고 착각해서는 안 되니까요. 다만 AV를 보며 스스로 폭력 장면을 즐기고 있다고 생각하는 남자가 과연 얼마나 있을지는 의문이네요.

'AV를 교과서로 여기면 안 된다'는 메시지가 AV 업계에서 나오고 있는 것은 사실이에요. 하지만 그 메시지는 아직 남자들에게 전혀 전달되고 있지 않은 것 같아요. 성적 경험이나 성에 대한 정보가 부족한 상태에서 성인용 콘텐츠를 접하는 사춘기 남자아이들은 말할 것도 없고요. 차라리 AV 영상 구석에 '이 영상은 판타지입니다. 절대 따라 하지 마세요'라는 자막을 띄우면 어떨까 하는 생각도 들어요.

앞으로의 남자아이들이 남자를 위한 콘텐츠를 비판적으로 받아들일 수 있는 능력을 갖추면 좋겠어요.

피임없는 섹스는 남녀 모두에게 커다란 위험부담

AV로 섹스를 배웠을 때 발생하는 또 다른 문제는 피임의 중요성을 간과한다는 거예요. 앞서 말했듯이 남자를 위한 AV에는 콘돔을 끼는 장면이 나오지 않거든요. 게다가 '질내정사', '콘돔 없이', '임신시키다'와 같은 자극적인 말들을 앞세워 피임 없이 이루어지는 성행위와 여자를 임신시키는 일을 성적 쾌감과 연결하기도 하지요(여자를 위한 AV에는 콘돔 착용 장면이 반드시 들어간다고 함).

구체적 피임 방법과 임신중절에 대해 배운 적 없는 젊은 남자들이 이러한 영상을 어떻게 받아들이고 있을지 생각하면 마음이 무거워요.

미성년자이거나 미혼인 상태에서 임신할지도 모른다는 불안을 느끼며 하는 섹스가 정말 즐거울까요? 학생일 때 임신을 하게 되면 학업을 중단해야 할 수도 있고, 일을 하고 있다면 일을 그만두거나 승진이 늦어지는 등 인생 계획이 크게 바뀔 수 있어요. 여자는 생리가 시작할 때까지 줄곧 불안에 떨어야 하는데, 남자만 쾌감을 느끼다니 너무 불공평하지 않은가요? 섹스는 육체의 대화라는데 한 사람만 말하면 대화 자체가 성립되지 않는 거잖아요.

저는 사춘기 남자아이들이 성경험을 하기 전에 '피임 없는 섹스는 여자에 대한 폭력'이라는 사실을 마음속 깊이 새겼으면 해요.

여자들도 마찬가지예요. 애초에 자신의 몸과 임신 과정에 대한 지식이 부족한 상태로 섹스를 해서는 안 돼요. 게다가 상대방이 기분 나빠할까 봐 걱정하거나 상대방을 기쁘게 해주고 싶다는 이유로 '피임해달라'고 말하지 못하거나 '피임 안 해도 괜찮아'라고 말하는 일은 절대 없어야 해요. 만약 여자가 '피임 안 해도 돼'라고 말했더라도 남자는 반드시 콘돔을 끼고 피임을 해야만 합니다. 혹시라도 여자가 임신이나 출산을 하게 되었을 때 평생 아이를 책임지겠다는 각오와 그만한 경제력이 없다면 말이지요.

오늘은 안전한 날이라고 여자가 말했다는 이유로 피임 없이 섹스했는데 나중에야 여자가 임신한 것을 알았다며 법률상담을 하러 오는 사람들이 있습니다. 어떻게 하면 좋으냐고 제게 물어도 이미 임신을 한 이상 뾰족한 수는 없어요. 여자가 아이를 낳겠다고 결심하면 그 결정을 존중해야 해요. 그리고 아이의 아버지로서 부양의 의무(양육비 지급)를 수행해야 하지요. 여자가 중절을 선택한다면 이 또한 존중할 수밖에 없어요. 이 경우에는 중절 수술 비용을 포함한 어느 정도의 비용을 부담함으로써 성의를 보이는 것이 올바른 대응이라 생각해요.

임신과 출산은 여자의 몸에 큰 부담을 주기 마련이에요. 남자의 몸에는 별다른 영향이 없지만, 남자에게도 누군가를 임신시켰다는 것은 인생에서 커다란 사건이지요. 피임 없는 섹스는 남녀 모두에게 커다란 위험부담이 따른다는 사실을 충분히 알고 있어야 해요.

사실 콘돔만으로는 완벽한 피임이 불가능해요. 실패율도 3~14%나 된다고 하더군요. 그러므로 콘돔 외에 다른 피임 기구를 함께 사용하는 것이 바람직해요(다만, 콘돔은 성감염증을 예방하는 효과도 있으니 반드시 착용해야 함).

다른 나라와 비교하면 일본은 피임 방법이 매우 제한적이에요. 일반적으로 보급된 방법은 콘돔밖에 없지요. 여자가 저용량 경구피임약을 복용하는 방법도 있지만, 실제 이용율은 4%에 불과하다고 해요.

스웨덴의 한 대학원에서 공공위생을 공부하는 후쿠다 와코 씨가 시작한 '#왜 없을까' 프로젝트 사이트(www.nandenaino.com)를 보면, 피임시트, 피임주사 등 여자가 주체적으로 사용할 수 있는 다양한 피임 방법을 소개하고 있어요. 이걸 보면 일본에서 선택 가능한 피임 방법이 매우 적다는 것을 알 수 있지요. 안타까운 현실이지만 당장 바꿀 수 없는 문제인 만큼 현재로서는 반드시 콘돔을 착용하는 것이 가장 중요해요.

콘돔은 편의점과 약국에서 살 수 있어요. 콘돔의 올바른 착용법은 NPO 법인 '필콘'이 제작한 동영상[16]을 참고하면 도움이 될 거예요.

임신으로 인한 부담은 여자가 고스란히 떠안게 될 수밖에 없어요. 불공평하지만 어쩔 수 없는 일이지요. 그러므로 남자들이 더욱 조심하고 책임감 있는 성행위를 하길 바라요. 그럴 자신이 없거나 조금이라도 불안한 마음이 든다면, 아직 섹스하기에 이른 나이라는 의미랍니다.

'성적 동의'를
정확히 이해하기

상대방이 원하지 않거나 확실히 YES라는 의사를 표현하지 않았는데 성적 행위를 하는 것은 성폭력과 마찬가지랍니다. 저는 당연히 학교에서 성적 동의가 무엇인지 가르쳐야 한다고 생각하지만, 성교육이 제대로 이루어지지 않고 있는 현재로서는 어떤 형태로든 부모가 가르칠 필요가 있어요.

최근에는 젊은 세대에게 성적 동의가 무엇인지 알리고자 하는 움직임이 다양하게 일어나고 있어요. 그중에서도 간사이 지역의 대학생들과 교토시 남녀공동기획추진협회가 제작한 〈GENDER HANDBOOK: 꼭 알아두어야 할 중요한 사실, 성적 동의〉라는 책자를 소개하고 싶어요.[17] 이 책에는 '성적 동의란 무엇인가'에 대한 체크 리스트가 실려 있어요.

□ check 1 단 둘이 데이트를 하는 것은 성행위를 전제로 한다.

□ check 2 키스를 하면 성행위를 해도 좋다는 뜻이다.

□ check 3 상대방이 싫다고 말해도 '사실 좋으면서 싫은 척'하는 것뿐이므로 성행위를 해도 된다.

책자에서는 위의 체크 리스트 중 단 하나라도 해당한다면 '성적 동의'를 얻지 않은 것이라고 설명하고 있어요.

앞으로 우리 아이들은 성적 접촉을 할 때마다 상대방의 동의를 구해야 하고 상대방과 진솔한 대화를 나누어야 한다는 것을 당연한 상식으로 받아들였으면 좋겠어요.

물론 어른 중에도 성적 동의에 대한 인식이 부족한 사람이 존재하고 심지어 자신의 파트너에게 성적 폭력을 행사하는 사람도 있지요. 성적 폭력이 반복되면 피해자의 몸과 마음은 망가질 수밖에 없어요. 우리 아이들 세대에는 이런 피해가 완전히 사라지기를 바라봅니다.

섹스하기 전
반드시 알아야 할 것들

그렇다면 상대방의 동의 여부는 어떻게 알 수 있을까요? 물론 가장 기본은 상대와의 충분한 대화이겠지요. 앞서 소개한 교토시 남녀공동기획추진협회의 책자에는 '성적 동의를 얻는 법', '거절하는 법'에 대한 구체적인 예가 알기 쉽게 설명되어 있어요.

하지만 일일이 말로 동의하는지 아닌지를 확인하자니 왠지 쑥스럽고 이렇게까지 해야 하는 건가 생각될 수 있어요. 굳이 확인하지 않아도 여자의 마음쯤은 알 수 있다고 말하는 남자도 있을 거예요. 당연히 어느 정도 신뢰 관계를 구축한 어른들이라면 눈빛만으로도 서로의 마음을 충분히 확인할 수 있어요. 하지만 그것은 서로를 온전히 믿고 자신들의 커뮤니케이션 능력에 절대적 자신감이 있을 때나 가능한 일이에요.

섹스하기 전에는 어쩌다 보니 분위기가 그래서 휩쓸린 것은 아닌지, '싫으면 여자가 싫다고 말하겠지'라는 섣부른 판단은 없었는지 항상 생각해봐야 해요. 특히 아직 성숙한 커뮤니케이션 능력이 부족한 십 대라면 확실한 말로 성적 동의를 표현할 필요가 있어요.

물론 처음 섹스를 하는 두근거리는 순간에 '나 너와 섹스하고 싶은데 괜찮아?'라고 묻는 것은 어색하고 힘들지도 몰라요. 그렇다면 최소한 '아프진 않아?'라든가, '싫으면 꼭 말해줘'라는 말로 상대방의 의사를 확인하면 어떨까요? 가장 중요한 것은 하기 힘든 말을 꺼내기 쉽게 도와주는 배려랍니다.

좋아하는 사람과 키스도 하고 싶고 섹스도 하고 싶다면 이 정도의 배려는 당연하게 여겨야 해요. 아직 상대방이 싫어하는 일이나 고통스러운 일을 하지 않도록 배려하는 마음을 갖추지 못했다면 성적 관계를 맺기에 적절한 시기가 아닌 셈이에요.

하다못해 다른 사람의 어깨를 주물러줄 때도 '여기가 아파?', '아니, 좀 더 아래', '너무 세지는 않아?', '지금 딱 좋아' 등과 같이 서로 대화를 나누며 확인하잖아요. 다른 사람의 몸이니까 만졌을 때 어떻게 느끼는지, 아프거나 간지럽지는 않은지 물어보지 않으면 알 수 없는 것이 당연해요.

그런데 도대체 왜 남자는 유독 섹스를 할 때만 '여자 몸은 내가 잘 알아'라며 여자에게 묻지 않을까요? 아마도 성적으로 여자보다 우위에 서고 싶은 마음 때문이거나 여자에게 쾌감을 주는 것이 남자의 역할이라거나 섹스할 때 주도하지 못하면 부끄럽다고 생각하기 때문일 거예요. 이러한 생각들도 역시 해로운 남성성에서 비롯된 것이겠지요.

변호사로 일하다 보면 자신과 섹스한 여자가 임신한 것을 알자마자 연락을 끊고 잠적해버리는 남자들을 종종 보게 돼요. 어엿한 성인이라면 절대 하지 말아야 할 부끄러운 행동이 아닐 수 없지요. 아무리 숨어도 법적 절차에 따라 법원이 인지청구를 인정하면 아버지로서 양육비를 지불할 의무가 발생합니다. 상대가 누구인지만 알아도 인지와 양육비 청구가 가능하거든요.

그런데 안타깝게도 현실에서는 인터넷을 통해 이름도 직장도 모르는 사람을 만났다가 덜컥 임신하는 경우도 있어요. 변호사를 찾아가도 정보가 턱없이 부족하다 보니 상대방을 찾아낼 수도 없고 법적인 책임을 물을 수도 없지요. 배 속의 아이를 지우고 싶지 않지만, 아버지가 어디에 사는 누구인지도 모르고 혼자서는 도저히 아이를 키울 엄두가 나지 않아 애만 태우는 경우도 적지 않아요. 결국 부모에게도 말하지 못한 채 배는 불러오고 이도 저도 하지 못하는 상태가 되어버리죠. 정말 비극적인 일이지만 우리 주위에서 실제로 일어나는 일이랍니다.

저는 섹스할 때는 반드시 '콘돔은 꼭 해줘'라고 요구하라고 여자들에게 당부하고 싶어요. 만약 콘돔을 착용해달라는 말을 듣고 남자가 기분 나빠하거나 싫어하면 그 사람은 여자를 존중하지 않는 남자예요. 또 상대에게 피임을 요구하기가 무서워 망설여진다면 두 사람의 관계는 절대 대등하다고 할 수 없어요.

계속해서 강조하지만 저는 학교에서 이러한 지식을 가르쳐야만 한다고 생각해요. 지금도 일부 교사들이 노력하고 있기는 하지만 아직 갈 길이 멀답니다. 그러므로 남자아이가 섹스를 경험하기 전에 반드시 스스로 생각할 기회를 갖고 여자를 상처 입히는 행동을 하지 않는 책임감 있는 어른으로 성장할 수 있도록 주변 어른들이 정보를 제공하고 도와주어야 해요.

섹스는 권리도 의무도 통과의례도 아닙니다

어쩌다 보니 계속해서 심각한 이야기만 하는 것 같네요. 이 책을 읽고 있을 사춘기 남자아이에게 '섹스는 귀찮고 무서운 일이구나, 저렇게 막중한 책임은 질 수 없을 것 같아'라고 생각하게 만든 것은 아닌지 모르겠어요.

하지만 성(섹슈얼리티)이란 본질적으로 남녀가 서로의 몸을 통해 대화하는 행위임을 이해하면 그리 어렵지 않아요. 일본에서 성교육의 일인자로 통하는 무라세 유키히로 씨의 말에 따르면, 섹스에는 '육체의 쾌감'과 '마음의 쾌감'이라는 두 가지 측면이 있다고 해요. 이 두 가지 쾌감을 통해 관계가 두터워지는 것이지요.

하지만 친밀한 관계를 만드는 데에 반드시 섹스가 필요한 것은 아니에요. '에이섹슈얼Asexual'이라고 불리는 성적 욕구를 전혀 느끼지 않는 사람도 있고, 평생 독신으로 살아가는 사람도 있어요. 심지어 결혼 후에도 서로의 동의 아래 섹스를 하지 않고 지내는 부부도 있답니다.

어느 정도 나이가 되면 친구들은 전부 섹스를 해봤는데, 나만 경험이 없다는 이유로 초조함을 느낄지도 몰라요. 특히 남자들 사이에는 섹스 경험이 없는 '동정'이라는 사실을 부끄럽게 여기는 분위기가 존재하지요.

《일본의 동정日本の童貞》(시부야 토모미, 한국 미출간)이라는 책을 보면 19세기 말경부터 현재까지 동정이 일본 사회에서 어떤 취급을 받았는지 알 수 있어요. 동정이 미덕으로 여겨졌던 시대가 있는가 하면 볼썽사납고 수치스러운 것으로 여겨졌던 시대도 있었고, '동정이 왜 부끄러운가'라며 이의를 제기했던 시대도 있었지요. 이처럼 시대별로 동정에 대한 사회적 인식은 변해왔어요. 아직 '동정은 창피한 것'이라는 인식이 일부 남아 있지만, 이는 절대 보편적인 생각이 아니에요. 오히려 저는 현대 사회가 섹스 경험에 과도한 의미를 부여하는 경향이 있다고 생각해요.

섹스는 어른이 되기 위한 통과의례가 아니에요. 여자도 남자도 마찬가지이지요. '몇 살까지 경험해야 한다'라든가, '몇 살이 되도록 동정(처녀)인 사람은 이상해'라는 생각이야말로 고리타분하고 바보 같지 않나요? 이런 말도 안 되는 생각은 그냥 무시해버리면 그만이에요(한창 민감한 사춘기 아이들에게는 어려운 일일 수도 있지만).

물론 섹스를 하고 싶은데 하지 못하는 상황이라면 외로움을 느낄 수 있어요. 외로움을 견디지 못해 2장에서 설명했던 인셀처럼 '왜 여자들은 나와 섹스해주지 않는 거야'라며 원한을 품는 사람도 있을 수 있지요.

하지만 '섹스할 권리'는 누구에게도 존재하지 않아요. 상대방이 동의해주지 않으면 그 누구와도 섹스할 수 없는 것이 당연합니다. 동의할지 말지는 어디까지나 상대방의 자유니까요. 외로움이나 괴로운 마음을 달래는 특효약은 없어요. 하지만 자신이 외롭고 괴로운 이유를 정확히 이해하려는 노력을 통해 자신의 내면과 마주하고 감정을 말로 표현하는 연습을 해보면 좋아지리라 생각해요. 자신과 비슷한 사람들을 만나 이야기 나누는 것도 큰 도움이 되겠지요.

'섹스할 권리'가 없는 것처럼 '섹스할 의무'도 존재하지 않아요. 사귀는 사람이 있어도, 심지어 결혼했더라도 마찬가지예요. 남자라고 해서 항상 파트너를 성적으로 만족시켜줘야 하는 것도 아니랍니다(물론 여자도).

그러나 자신의 파트너는 생각이 다를 수도 있어요. 섹스하고 싶은데 하지 못해서 외로워하거나 괴로워할 수도 있고 거절당했다는 생각에 상처받을지도 몰라요. 이럴 때는 충분한 대화를 통해 의사를 전달하는 것이 상대방에 대한 배려이고 파트너로서 바람직한 자세라고 생각해요.

다시 한 번 강조하지만, 섹스는 해도 좋고 하지 않아도 괜찮아요. 몇 살까지 반드시 해야 하는 것도 아니에요. 앞으로의 남자아이들이 이러한 점을 머릿속에 새겨두고 성장하면서 천천히 자신에게 맞는 섹스관을 찾아갔으면 해요. 그리고 그 과정에서 무지로 인해 누군가에게 피해를 주는 일이 없기를 바랍니다.

호시노 도시키 선생님이 말하는

남자아이의 '감정의 언어화'를 돕는 방법

호시노 도시키

1977년 일본에서 태어나 대학 졸업 후 출판사에서 일하다가 초등학교 교사가 되었다. 2015년부터 학교법인 도호학원 도호초등학교에서 근무하고 있다. 담임을 맡은 학급에서 아이들에게 가르친 '삶과 성에 대한 수업'이 각종 미디어를 통해 주목받았고, 현재는 각지에서 다양성을 존중하는 교육에 대해 강연을 펼치고 있다.

오오타 성교육과 젠더교육이 중요하다고는 생각하면서도 어린아이들에게는 너무 어려울지도 모른다는 생각에 고민하는 학부모님들이 많을 것 같아요. 물론 저는 중학생이나 고등학생이 된 다음에 가르치면 너무 늦다고 생각하고 있어요. 그래서 실제로 초등학교에서 아이들을 가르치고 있는 호시노 선생님을 모시고 사춘기가 되기 전에 아이들에게 성과 젠더 문제를 어떻게 가르치면 좋을지에 대해 이야기 나누어보려 합니다.

교실의 일상에 '다움'에 대한 의문을 던지다

오오타 호시노 선생님이 교실에서 아이들에게 어떤 식으로 성을 가르치고 있는지 궁금해요.

호시노 특별한 커리큘럼이 있는 것은 아니에요. 그저 일상 속에서 항상 안테나를 세우고 살피다가 이때다 싶을 때 가르치기 시작하는 거지요.

예전에 초등학교 2학년이던 여자아이가 일기장에 "같은 반 A가 '남자는 멋있는데 여자는 약해서 한심해'라고 말했어요. 너무 화가 나서 다 함께 이야기해보고 싶어요"라고 써왔더라고요. 그걸 보고 내심 '좋았어! 바로 지금이다!'라고 생각했지요(웃음).

오오타 그러셨군요(웃음). 화가 났던 일을 그냥 넘기지 않고 일기장에 써서 선생님께 전달하다니 아주 똑 부러지는 아이네요.

호시노 아이들이 사소한 일도 제게 말해줘서 참 고마울 따름이에요. 그 일기장을 보고 다음 날 산수 시간을 학급회의 시간으로 바꿔서 다 같이 이야기해보기로 마음먹었어요. '어제 아주 중요한 사건이 있어서 지금부터 다 함께 학급회의를 진행하려 해요'라고 말을 꺼내니까 아이들 모두 심각한 얼굴이 되더라고요.

오오타 2학년이면 아주 순수하고 귀여울 때이지요.

호시노 문제의 발언을 했던 아이와 일기장에 써서 알려준 아이가 누구인지는 밝히지 않은 채로 '어떤 친구가 이런 말을 들었다고 하는데 너희들은 이 말을 들으면 기분이 어떨 것 같니?'라고 물어봤어요. 그러자 '슬퍼요'라든가, '학교에 오기 싫어질 것 같아요'라는 의견이 나오더군요. '나는 남자지만 그 말이 싫어요'라고 말하는 아이도 있었고, '릴레이 경주에서 졌을 때 남자아이에게 네가 여자라서 진 거라는 말을 듣고 슬펐어요'라며 자기 경험을 들려주는 아이도 있었어요.

오오타 아직 어려도 벌써 다양한 일을 겪으며 나름대로 생각을 하고 있네요.

호시노 그럼요, 아이들은 모두 입을 모아서 '싫어요!'라고 말하더라고요. 심지어 문제의 발언을 했던 남자아이도요(웃음).

오오타 아하하하.

호시노 남자아이들은 어릴 때부터 잘못된 강인함을 내면화해요. 그래서 저는 먼저 아이들이 가진 강인함에 대한 이미지를 바꿔주고 싶었어요. 강인함은 그 자체로 좋지도 나쁘지도 않은 중립적인 가치라는 사실과 저처럼 힘이 약한 남자도 있고 여자 운동선수들처럼 힘이 센 여자도 있단 것을 알려주었어요. 그리고 강하기만 하고 부드러움이 없으면 그저 난폭한 사람이 될 뿐이니까 강함과 부드러움을 동시에 갖고 있어야 한다는 것도요. 그러면 아이들도 '남자는 강하니까 멋있어'라는 말이 합리적이지 않다는 사실을 깨달아요. 또 아이들에게 누군가로부터 '남자니까', '여자니까'라는 말을 들어본 적 있냐고 물었더니 '아빠가요', '엄마가요', '할머니가 말했어요'라며 앞다투어 대답하더라고요.

오오타 역시 가정에서의 영향이 엄청나네요. 나이가 어릴수록 가까운 가족이 일상적으로 하는 말이나 행동에 영향을 많이 받으니까요.

호시노 자세히 들어보면 보통 남자아이는 아빠로부터, 여자아이는 엄마로부터 그런 말을 듣는 경우가 많더군요. 다시 말해 동성인 부모가 아이들에게 성적 편견을 심어주고 있던 셈이지요.

오오타 저도 겪은 적이 있어서 알 것 같아요.

호시노 아이들이 들었던 말 중에는 '남자니까 팬티를 제대로 벗어야지'라는 말도 안 되는 말도 있었어요(웃음).

오오타 '남자니까'가 어떤 상황에서든 쓸 수 있는 마법의 말처럼 쓰이는 거네요(웃음). 합리적이고 본질적인 이유가 따로 있는데도 불구하고 자꾸 '남자니까'라는 말로 얼렁뚱땅 넘어가 버리니까 진짜 이유가 뭔지 생각하거나 제대로 표현해야 한다는 생각조차 안 하게 되는 것 같아요.

호시노 아이들의 이야기를 다 듣고 난 후에 '그런 말을 들으면 이상하다는 생각이 안 드니?'라고 물어봤어요. 다들 '이상해요!'라고 대답하더라고요. 아무리 어린 아이들이라도 나름대로 소박한 정의감을 갖고 있기 마련이거든요. 물어보면 반드시 정확한 대답을 해준답니다.

가정에서 강화되는 젠더규범

호시노 수업을 마친 후에 학생 두 명이 저를 찾아와서 '오늘 선생님 이야기를 듣고 꼭 하고 싶은 말이 생겼어요'라고 하더군요. 그래서 할 말이 있으면 적어 달라고 종이를 주었더니 이렇게 써 왔더라고요. '남자니까, 여자니까라고 말하는 건 이상해!', '여자가 하는 놀이를 남자가 하면 어때?'라고요. 또, '하고 싶은 말을 썼더니 속이 시원해요!'라는 말도 있었어요.

오오타 와! 정말 멋지네요! 말로 표현함으로써 속이 시원해지는 경험을 하고 나면 언어화의 중요성을 스스로 깨닫게 될 테니까요.

호시노 아이들에게도 그렇게 쓰는 것이 일종의 해방이었던 것 같아요. 그 말을 썼던 남자아이는 귀엽게 생겨서 평소에 '○○는 꼭 여자애 같아'라는 말을 들을 때가 있었거든요. 티는 안 냈지만 그런 말을 들은 것이 속상했었는지도 모르지요.

오오타 아이가 마음속에 품고 있던 생각을 토해내는 계기가 되었던 거네요. 그런 수업을 한 번이라도 들으면 아이들의 인생이 바뀔 수도 있을 것 같아요.

호시노 저는 수업을 끝내고 다음에는 수업 내용을 학부모들에게도 꼭 말해줘야겠다고 생각했어요. 왜냐하면 '여자는 한심해'라고 말했던 남자아이가 친구들의 말을 듣고 중얼거리는 것을 들었거든요. '나도 남자니까라든가 여자니까라는 말이 싫어. 그렇지만 이렇게 말하면 아빠가 화낼 거야'라고 하더라고요. 그래서 가정통신문에 수업 내용을 적고 '부모님들로부터 성적 편견을 강화하는 말을 들은 아이가 있는 것 같습니다. 앞으로 부모님이 그런 말씀을 하시면 아이들이 잘못되었다고 말할지도 모릅니다. 부디 화내지 마시고 자신의 말과 행동을 냉정히 살펴봐주세요. 그리고 아이들에게 성평등 의식이 자라난 것을 칭찬해주세요'라고 덧붙였어요. 화를 낼 거라면 아이들이 아니라 담임인 제게 내달라는 의미로요. 아이들에게 가정통신문 내용을 말해주니 그제야 안심하는 눈치더군요. 부모의 말을 거역하는 일은 아이들에게 어렵고 무서운 일이니까요.

오오타 그 나이대의 아이들에게 부모는 절대적 존재니까요. 집에서는 부모의 생각이 이상하다고 여겨도 입 밖으로 내지 않았는데, 학교에서 이런 말을 한 걸 부모님이 알면 속상해하지 않을까, 화내지는 않을까 여러모로 불안했을 거예요. 선생님이 가정통신문을 보낸 것은 정말 좋은 아이디어라고 생각해요. 부모들은 자신들의 말과 행동이 성적 편견을 강화한다고는 전혀 생각지 않았을 거예요. 그저 모두 아이들을 위한 말이라 생각했을 텐데 그 말을 아이들이 문제 삼기 시작하면 혼란스러울지도 몰라요. 아이들이 제기한 문제를 부모가 같이 생각해보고 함께 성장한다면 정말 이상적이지만요.

호시노 저는 이 수업을 통해서 어른들이 무의식적으로 강요하는 젠더규범이 초등학생 아이들에게 남존여비적 가치관을 갖게 하고 아이들만의 고유한 개성을 망가트리고 있다는 사실을 실감했어요. 유감스럽게도 아이들이 고학년이 된 이후에는 아무리 이런 수업을 해도 바뀌지 않아요. 특히 남자아이들은 더욱 그렇지요. 그나마 저학년이니까 남자아이들도 솔직하게 자기 생각을 말해주고 따라주었다고 생각해요.

오오타 그건 꽤 충격적이네요. 조금이라도 어릴 때 성차별에 대해 가르쳐야 한다고 생각은 하고 있었지만, 초등학교 고학년만 되어도 반응이 달라지는군요.

'남자아이들은 원래 그래'라는 말에 도사린 위험

호시노 크게 세 개의 시기로 나누면 어린이집이나 유치원에서부터 초등학교 저학년까지가 하나의 시기이고, 다음 시기가 초등학교 중간 학년, 마지막 시기가 초등학교 고학년이라고 볼 수 있어요. 어린이집이나 유치원에서 '남자는 파랑, 여자는 분홍'이라고 말하는 것을 들은 아이는 이미 학교에 입학하기 전부터 성적 편견의 바탕을 지니게 됩니다. 하지만 이때까지는 충분히 개선할 수 있어요. 이 시기는 부모나 선생님처럼 가까운 어른의 영향을 받기 쉬우니까요.

오오타 부모님이 가르치는 대로 쑥쑥 흡수하는 시기라는 말씀이시지요?

호시노 네, 맞아요. 하지만 저학년을 벗어나면 반항의 시기가 찾아오지요. 부모님이나 선생님보다 또래 집단의 규칙이나 가치관을 우선하게 되거든요. 남녀 모두 이 시기에 성적 편견을 확실히 내면화하게 돼요.

특히 남자아이들의 호모소셜적 관계는 이때부터 생겨나고 남성성의 패권 다툼이 본격적으로 시작되지요. 친구들 사이에서 상대적으로 약한 남자아이를 놀리거나 괴롭히고 여자아이에게 성적 장난을 하는 것이 대표적인 예라 할 수 있어요.

오오타 치마를 들치거나 일부러 성적인 말을 해서 여자아이들의 반응을 즐기는 시기네요.

호시노 아이들은 그런 행동을 통해 남존여비적 가치관을 내면화해요. 어른들도 '남자아이들은 원래 다 그런 거야'라며 남자아이들의 행동을 딱히 제재하지 않지요.

오오타 그렇죠. '남자아이들은 원래 그런 거야'라는 말을 저도 참 많이 들은 것 같아요. 이 말로 남자아이들의 폭력적이고 배려심 없는 행동이나 성희롱 범주에 들어갈 법한 행동들까지 전부 용납해버리잖아요. 저는 항상 이래도 되는 건지 의문이 들더라고요.

호시노 남성학을 연구하는 다나카 도시유키 씨(다이쇼대학 준교수)는 남성성을 증명하기 위한 방법으로 '달성'과 '이탈'이 있다고 말했어요. 여기에서 달성은 학업 성취나 스포츠 경기에서의 승리 같은 올바른 방향의 노력이지만, 이탈은 어른의 기대와 반대로 행동하는 것을 의미하지요.

오오타 아이들은 어리석은 일이나 위험한 행동을 하기도 하잖아요. 개인의 성격에 따라 차이가 나겠지만 지금 딱 저희 둘째 아들이 그런 행동을 하기 시작했어요.

호시노 물론 '남자아이들은 원래 그런 거야', '남자아이들은 단순해'라는 말은 남자아이를 키우며 여러 시행착오를 겪기 마련인 부모들에게 힘이 되는 말일 수 있어요. 하지만 한편으로는 남성성의 경쟁을 부추기는 말이 될 수도 있답니다. 달성과 이탈은 추구하는 방향은 달라도 경쟁이라는 근본원리는 똑같아요. 결국 이 둘의 목적은 '내가 이렇게 대단한 사람이야'라고 과시하기 위한 것이거든요.

오오타 남자들 사이의 기 싸움이라고 할 수 있겠네요.

호시노 네, 맞습니다. 일단 해로운 남성성의 씨앗이 자라나면 무척 힘들어져요. 이 시기부터 남자아이들은 자신의 나약함이나 불안, 괴로움과 같은 감정들을 겉으로 드러내면 '한심하다'든가, '멋있지 않다'라고 여기는 가치관을 강요받아요. 그래서 자신 안의 부정적 감정들을 언어화하기 어렵게 되고 공감 능력과 대화 능력도 키울 수 없게 되는 거예요. 자신의 감정과 마주할 기회를 빼앗기게 되는 셈이죠.

오오타 너무 공감 가는 말이네요. 남자들의 기 싸움을 보고 있으면 도대체 뭐가 즐거운지 도통 이해할 수 없더라고요. 아들에게 '그렇게 경쟁하면 뭐가 좋은 건지 다시 한 번 생각해보겠니?' 라고 해봤는데 달라지는 것은 없었어요.

호시노 여자아이들은 저학년 때부터 공감을 바탕으로 친구 관계를 만들어나가요. 교환일기 같은 것도 쓰잖아요. 사실 남자아이들도 저학년 때는 여자아이들과 같은 욕구가 있지만, 학년이 올라가면서 점점 그런 생각이 사라지지요.

오오타 정말 안타까운 일이네요.

감정의 언어화를 방해하는 무언가

호시노 아이들의 심리치료와 가족상담 전문가인 오가와라 미이 씨

(도쿄학예대학 교수)는 감정의 사회화 프로세스를 이렇게 설명했어요. ①먼저 아이들이 자신의 불쾌한 감정을 표출하면 ②주위 어른들로부터 그 감정에 대한 승인과 언어화가 이루어진다고요. '아팠겠다', '무서웠지', '불안했구나' 하는 말처럼 말이에요. 이러한 과정을 통해 아이들은 자신의 감정을 언어화할 수 있게 되고 안도감을 얻지요. 하지만 어른들은 아이들의 불쾌한 감정을 부정하고 억압할 수도 있어요. 남자아이가 길을 가다 넘어졌을 때, 막 울음을 터트리려고 하는 아이에게 다가와 '하나도 안 아프네! 그렇지?'라며 말하는 것이 전형적이지요.

오오타 아, 우리 동네 공원에서도 이런 모습을 많이 봤어요. 울상이 된 아이에게 어른들이 '남자니까 괜찮지? 하나도 안 아프지?'라거나 '남자니까 울지 마, 울면 안 되는 거야'라면서 응원하잖아요. 넘어지면 아픈 것이 당연한데 말이에요.

호시노 맞아요. 그 아이는 아픔과 충격으로 불쾌한 감정을 느꼈을 거예요. 그럴 때 어른이 '많이 아프지? 눈물이 나네. 울어도 괜찮아. 무서웠겠다'라며 아이의 감정에 공감하고 불쾌한 감정을 언어화 해주면 비로소 아이는 '아, 이게 무서운 감정이구나'라고 깨닫고 인식하게 되지요. 부정적 감정을 표출했을 때 다른 사람이 인정해주는 경험이 쌓이면 아이들의 감정 발달에 큰 도움이 돼요.

그런데 감정을 언어화하기도 전에 '안 아프다'라든가 '울지도 않고 대단하다'라는 말을 들으면 아이들은 자신의 감정이 인정받지 못한다고 생각하고 감정 자체를 참아버려요. 그 결과 '해리'라는 상태가 되지요. 집에서는 어른스럽게 부모의 기대에 부응하는 모습을 보이지만, 학교에서는 자신의 감정을 억제하지 못해 친구들에게 주먹을 휘두르거나 폭언을 하지요. 이런 아이가 생각보다 꽤 많답니다.

오오타 가정에서 자신의 감정을 표현하지 못하는 억압 때문이군요.

호시노 그래도 폭력이나 폭언을 통해 자신의 감정을 외부로 발산하는 아이는 그나마 나은 거예요. 그것조차 불가능한 아이들은 자해행위를 통해 감정을 해소하기도 해요.

학교에서 이른바 '문제아'라고 불리는 아이의 90% 이상이 남자아이들입니다. 물론 이 수치는 정확한 통계를 바탕으로 한 것도 아니고, 여자아이들은 '여자다움'을 강요받기 때문에 남자아이들에 비해 알기 쉬운 문제행동을 하지 않는다는 점도 고려하면 정확한 수치가 아닐 수 있어요. 하지만 제가 직접 아이들을 겪으며 살펴봤을 때도 문제아 중에는 남자아이가 더 많은 것 같아요. 최신 뇌과학 연구에서는 남자뇌·여자뇌(성별에 따라 선천적인 뇌 구조가 다르다는 주장)가 따로 있다는 주장은 근거가 없고 신빙성이 낮다고 본다던데요. 그럼 도대체 이런 차이는 어디에서 비롯되는 것인지 생각해봤을 때,

저는 젠더 규범의 차이로 인해 남자아이들이 감정의 사회화에 실패했기 때문이라고 추측해요.

오오타 그 말씀은 현재 사회에서 남자아이를 대하는 전형적인 방식에 문제가 있다는 의미로 들리는데요.

호시노 오가와라 교수는 해리 상태가 계속되면 '감정공포증Affect phobia'이라고 불리는 상태가 된다고 말해요. 자신과 타인의 감정을 접하는 것 자체를 무서워하고 회피하는 상태이지요. 해리가 계속되다 보면 자신의 감정을 인지하지 못하고 타인의 감정에도 공감하지 못해요. 그래서 파트너가 강하게 감정을 표출하면 사고회로가 멈추고 대화도 중단되는 거지요. 자신의 감정과 마주하기 위해서는 언어화를 통해 감정을 대상화해야만 해요. 하지만 감정을 말로 표현하지 못하는 사람들은 알코올이나 섹스, 게임 등에 중독되거나 자해행위 등을 통해 자신은 물론 타인의 감정으로부터 도망치기 바쁘지요.

정신보건복지사이자 사회복지사인 사이토 아키요시 씨는 '치한은 중독'이라고 했어요. 가해자들이 치한 행위를 되풀이하는 이유는 성욕 때문이 아니라 상대를 지배하고 싶다는 욕구를 충족하기 위해서라고 해요. 저는 이 또한 감정공포증으로 인한 중독 증상이 아닐까 하는 생각이 들더라고요.

감정의 언어화를 돕는 방법

오오타 선생님 말씀을 듣다 보니 이혼 사건을 맡았을 때 자주 듣던 말이 생각나네요. '남편과는 대화가 안 돼요', '중요한 일이니까 대화하자고 아무리 말해도 이미 끝난 이야기라든가 듣고 싶지 않다며 무시해버려요'라고 말하는 아내들이 참 많았거든요. 또 슬퍼하는 것이 당연한 상황에서 분노해버리는 남자들도 자주 봤어요. 아마도 자신이 나타낼 수 있는 감정의 종류가 적기 때문이겠지요. 이러한 사람들은 사회에서 인정받고 겉보기에도 딱히 문제가 없어 보이지만 사적으로 친밀한 관계가 되면 문제점이 드러나더라고요. 자신의 감정을 말로 설명하지 못하니까요.

호시노 앵거 매니지먼트(분노를 예방하고 조절하는 심리요법:역자주)에서는 분노를 2차 감정으로 봐요. 분노보다 앞서 나타나는 1차 감정으로는 불안이나 질투 등이 있어요. 1차 감정을 얼마나 인식할 수 있는지가 매우 중요한데, 그때 필요한 능력이 바로 감정의 언어화입니다.

오오타 기요타 씨와의 대담에서도 남자들은 자신의 감정을 말로 표현하기 어려워한다는 이야기가 나왔어요. 감정의 언어화는 정말 중요한 키워드네요. 기요타 씨는 '자신의 감정에 대한 해상도가 낮다'는 표현을 썼는데 아주 적절한 것 같아요. 저는 아들이 울면 왜 우는지 이유를 말로 설명해보라고 하는데 좀처럼 말하지 못하더라고요. 스스로 자신의 감정을 말로 표현하는 연습을 매일 하지 않으면 하루아침에 되는 일이 아니라고 생각해요. 어떻게 연습하면 좋을까요?

호시노 사용할 수 있는 단어 수가 적은 아이들은 자신의 감정을 말로 표현하기 쉽지 않지요. 그럴 때는 SST Social Skills Training(사회기술훈련)를 사용한 방법이 효과적이랍니다. 대표적인 예로 '감정의 온도계'를 사용해서 자신의 분노 정도를 표현해보는 방법이 있어요. '감정 포스터'라는 것도 있는데 다양한 감정을 나타내는 이모티콘을 사용해서 자신이 지금 느끼는 감정과 가장 잘 맞는 이모티콘을 고르게 하는 방법이에요. 이런 식의 다양한 방법을 사용해보면 좋을 것 같아요.

오오타 확실히 말보다 이모티콘이 더 표현하기 쉬울지도 모르겠네요. 저도 집에서 한번 해봐야겠어요.

학교 제도 속에 존재하는 남성우위가치관

호시노 비단 가정뿐만 아니라 학교 제도 속에도 남성우위사회를 반영하고 있는 것들이 아주 많답니다. 안타깝지만 교사들도 아직 젠더 문제에 대한 인식이 낮은 것 같아요.

제가 '교정 문제'라고 부르는 문제가 있는데요. 일본의 많은 학교는 운동장에서 할 수 있는 종목을 요일별로 정해놓고 있어요. 월요일은 축구, 화요일은 야구 이런 식으로요. 그런데 종목 대부분이 남자아이들이 즐겨 하는 스포츠로 한정되어 있어요.

오오타 전혀 생각하지 못했던 부분이네요.

호시노 그래서 운동장 한가운데를 차지한 아이들은 거의 남자아이들이에요. 저는 그 모습을 볼 때마다 학교가 남성우위사회를 반영하고 또 재생산하고 있는 것은 아닐까 하는 생각이 들더라고요. 운동장에서 할 수 있는 종목을 정할 때 여자아이들이 좋아하는 놀이-꼭 성별로 해야 하는 놀이가 정해져 있는 것은 아니지만-를 고려하지 않은 것도 결국 무의식적으로 남녀의 역할을 구분했기 때문이 아닐까요.

오오타 말씀을 듣고 보니 정말 그러네요. 아들들이 다니는 학교는 어떤지 궁금해졌어요. 저는 지금까지 한 번도 그런 생각을 해보지 않았거든요.

호시노 이런 문제가 있다는 사실을 교사들이 조금 더 빨리 깨달았으면 좋겠어요. 교사들이 말로만 다양성과 남녀평등을 가르칠 것이 아니라 학교라는 제도 속에 자리 잡고 있는 젠더 불평등에 민감해졌으면 해요.

오오타 남학교를 졸업한 남자들일수록 강한 성적 편견을 갖고 있기도 하지요. 그런 남자들이 소위 명문 남학교를 거쳐 유명 대학에 입학하고 대기업이나 관공서의 높은 자리까지 올라가는 경우가 많아요. 어찌 보면 이런 상황에서 우리 사회의 젠더 격차 지수가 개선되지 않는 것은 당연한 일인 것 같네요.

호시노 효고현에 있는 나다중고등학교에서 교사로 재직 중인 가타다손 선생님이 쓴《남자의 권력男子の權力》(한국 미출간)이라는 책에는 다음과 같은 내용이 나옵니다. '아이들은 어른들로부터 권력 구조를 배우는 것에서 그치지 않고 스스로 권력 구조를 만들어내는 주체이기도 하다. 아동중심주의라는 명목 아래 남자아이들이 다소 짓궂은 행동을 해도 아이들의 주체성의 발로라며 용인했다. 이로 인해 남녀차별이나 해로운 남성성의 재생산을 막지 못한 측면도 있다.'

오오타 저도 그 책의 내용에 동의해요. 아이들은 아주 어릴 때부터 사회의 영향을 받으며 자라기 때문에 자기도 모르는 사이에 성차별적인 가치관을 갖게 되지요. 그래서 차별과 관련한 문제에 한해서만큼은 부모가 적극적으로 아이들의 가치관 형성에 개입해야 한다고 생각해요. 아이들이 사회의 성차별적 가치관을 그대로 흡수하도록 방치해서는 안 되니까요.

호시노 네, 맞습니다. 그렇다고 해서 부모가 아이들을 강압적으로 가르치고 관리해야 한다는 말은 아니에요. 어떤 방식으로 개입해야 할지에 대해서는 많은 고민이 필요하겠지요.

오오타 우리 사회에 존재하는 편견과 불균형을 바로잡기 위해서라도 아이들의 성차별적 행동은 바로바로 고쳐줘야지요. 물론 선생님 말씀처럼 그 방법도 아주 중요하다고 생각해요. 아이들의 성장단계에 맞춰서 적절하게 개입하지 않으면 성차별적 구조가 강한 우리 사회에서 자기도 모르게 성차별적 가치관을 흡수하게 될 테니까요. 저는 그런 점이 제일 염려스러워요. 아이들은 눈 깜짝할 사이에 커버리니까 서두르지 않으면 적절한 타이밍을 놓쳐버릴 것 같거든요.

호시노 실제로 짓궂은 남자아이들은 남자 교사와 여자 교사를 대하는 태도가 확연히 달라요. 남자아이들은 학년이 높아질수록 얌전한 여자 교사들을 무시하고 여자 교사가 이야기하면 듣는 척도 안 하지요. 특히 반항기가 되면 교사의 권위를 우습게 여기고 선을 넘는 행동을 하기도 하는데 그때도 여자 교사들을 타깃으로 삼는 경우가 많아요. 저는 이러한 문제들이 발생하는 데에는 교사들의 책임도 있다고 생각해요. 교사들이 남자아이들의 남존여비적 가치관이나 권력 구조에 기반한 행동을 보고도 용인하거나 간과했기 때문이지요.

약함을 인정하는 것도 강인함의 일부

오오타 실제 교육현장에서 그런 부분까지 신경 쓰는 교사는 많이 없을 것 같아요. 호시노 선생님은 어떤 계기로 이러한 교육에 관심을 갖게 되셨나요?

호시노 저도 아버지로부터 '남자답게 행동해', '여자애처럼 굴지 마'라는 말을 항상 들으며 자랐어요. 아버지의 말에 심리적 저항을 느끼면서도 그대로 따를 수밖에 없었지요. 지금 돌이켜보면 아버지도 본인의 의도와 상관없이 어렸을 때부터 해로운 남성성에 잠식당했을 뿐이라는 생각이 들어요.

저는 아버지에게 반발하면서도 어쩔 수 없이 해로운 남성성을 내면화했기에 남자답지 못한 자신에 대한 콤플렉스가 있었어요. 제가 운전을 정말 심각하게 못하는데요(웃음). 운전이 서툴면 안 하면 그만인데 남성성에 사로잡히면 운전을 못한다는 사실이 마치 패배나 수치처럼 느껴져요. 무시당할지도 모른다는 공포 때문에 노력해서 극복해야 한다고 생각했어요. 그래서 한때는 자동차 대신 오토바이를 타겠다며 일부러 오토바이 면허를 따고 값비싼 오토바이를 사기도 했어요. 오토바이를 타면 운전에 대한 콤플렉스를 없앨 수 있다고 생각했던 것 같아요(웃음). 딱히 오토바이를 좋아했던 것도 아닌데 말이에요. 아마도 미디어에 자주 등장하는 남성성에 대한 이미지 때문에 막연히 오토바이에 끌렸던 것이 아닐까 싶어요. 생각만 해도 부끄러워지는 과거랍니다.

오오타 우리 사회가 남자아이들에게 거는 일종의 저주이지요. 내용은 달라도 남녀 모두가 남성성·여성성의 저주에 걸려 있는 것 같아요. 저도 여성성의 저주에서 벗어나기 위해 여러 시행착오를 거치면서 기억하고 싶지 않은 흑역사를 많이 만들었답니다. 사실 지금도 저주에서 완전히 벗어났는지 잘 모르겠지만, 가장 중요한 것은 저주를 인식하고 어떻게 풀지 고민하는 일이라 생각해요.

호시노 저도 남성성의 저주에 걸렸던 사람으로서 제 경험을 말씀드리면, 자기 자신을 상대화해서 객관적으로 바라보면 큰 도움이 되는 것 같아요. 또 저주 때문에 괴로워하는 남자들에게 '인정해버리면 편하다'고 꼭 말해주고 싶어요. 나답게 살아가기 위해서는 버릴 수 있어야 해요. 이것 역시 강인함의 일부라는 사실을 깨달았으면 해요.

오오타 그야말로 '강인함'에 대한 생각의 전환이네요.

호시노 그렇지요. 오토바이를 사서 타려고 했던 시절의 저는 전혀 행복하지 않았어요. 남성성의 저주에 지배당한 채 제 인생의 주도권마저 빼앗겼던 것 같아요.

제가 뒤늦게나마 저주에서 벗어날 수 있었던 것은 젠더 문제를 알게 되고 공부한 덕분이고 주위에 저와 같은 생각을 하는 사람이 많아졌기 때문인 것 같아요. 저의 부끄러운 과거와 콤플렉스를 털어놓아도 기꺼이 들어준 친구들 덕분에 안심하고 이야기할 수 있었거든요. 과거와 달리 지금 저는 아주 행복해요. 제 인생의 주도권을 제가 쥐고 있으니까요. 가부장적 제도 아래에서 성희롱과 가정폭력을 일삼았던 우리 아버지 세대는 남성성의 저주에 지배당하고 있었다고 생각해요. 저는 그들이 인생의 주도권을 갖고 있지 않았다고 생각하기에 행복해 보이지 않아요.

이제 저는 운전이 서툴러도 전혀 부끄럽지 않아요. 오히려 적극적으로 제가 운전을 못 한다는 사실을 떠들고 다니면서 남자가 운전이 서툴러도 괜찮다는 것을 알리고 있어요. 그래서 저는 제가 운전을 못 해서 참 다행이라고 생각한답니다(웃음).

오오타 하하하. 저도 호시노 선생님처럼 남성성의 저주에서 해방된 남자들이 늘어나야 한다고 생각해요. 그래야 우리 아이들에게 롤모델이 생길 테니까요. 실제 인물도 좋고 만화나 소설 속 등장인물이라도 좋으니까 더욱더 많아지면 좋겠어요.

남자로서의 특권 자각하기

오오타 아이들에게 성차별에 대해 얘가해줄 때 여자아이들에게는 명확한 사례를 들어서 어떤 불이익이 있는지 알려줄 수 있어요. 얼마 전에 있었던 대학 의학부 입시 차별 문제도 좋은 예이지요. 그런데 남자아이에게 말해줄 '알기 쉬운 불이익'은 많이 없는 것 같아요. 남자들은 성차별 문제의 심각성을 인식하기도 어렵고 심각성을 안다 해도 딱히 해결해야 할 필요성을 못 느끼잖아요. 남자들이 오로지 자신만을 생각한다면 성차별 구조를 바꿔야 한다는 생각조차 안 할지도 모르지요. 또, 나는 남자라고 딱히 이득 보는 것도 없고 남자로서의 특권도 갖고 있지 않다고 생각하는 사람도 있을 거예요. 그런 남자들과 부모들에게 성차별은 우리 모두의 문제라는 사실을 어떻게 알려주면 좋을까요? 어떻게 해야 그들이 당사자 의식을 느낄까요?

호시노 남성특권과 여성차별은 동전의 양면과 같아요. 사회복지학과 교육사회학을 연구하는 데구치 마키코 씨(죠치대학 교수)에게 이런 말을 들은 적이 있어요. 강의 제목에 '여성차별에 대해'라고 써놓았을 때보다 '남성특권에 대해'라고 써놓으면 남학생들이 더 많이 들으러 온다는 거예요. 여성차별은 자신들과 관계없는 이야기라고 생각해도 '남성특권'이라고 하면 자신이 어떤 특권을 가졌는지 궁금해한다는 말이었어요.

그리고 교수님은 특권과 억압을 쉽게 이해할 수 있는 간단하고 재미있는 실험을 소개해주셨어요. 먼저 칠판이 있는 교실

앞쪽에 커다란 상자 하나를 놓아요. 학생들에게는 종이를 한 장씩 나누어주고 그 종이에 이름을 쓰게 해요. 그리고 종이를 구겨서 공처럼 만든 뒤에 자리에서 던져 상자 속에 넣도록 합니다. 이렇게 하면 앞자리에 앉은 학생은 쉽게 종이를 상자 속에 넣을 수 있지만, 뒷자리에 앉은 학생은 넣기 어렵지요. 계속 던지다가 어차피 안 될 거라며 포기하는 학생도 나올 거예요.

오오타 흥미로운 실험이네요.

호시노 종이 던지기를 마치면 학생들에게 학생들의 자리에서 상자까지의 거리가 무엇을 의미하는지에 대해 설명해요. 앞자리에 앉은 학생은 시스젠더이자 헤테로섹슈얼(이성애자)인 남자 혹은 경제적으로 풍족한 특권층 사람이고, 뒷자리로 갈수록 그렇지 못한 사람들이라고 알려주면 학생 대부분이 고개를 끄덕인다고 하더라고요. 미국 등에서는 이러한 실험을 '사회적 공정교육Social justice education'으로 연구하고 실제로 학교에서도 한다고 해요.

오오타 어른들도 꼭 해보면 좋겠어요. 특히 좋은 환경에서 태어나 사회적으로 높은 지위에 오른 사람들이 해봤으면 해요. 그런 사람 중 일부는 자신의 성공이 온전히 스스로 노력해서 얻은 결과라고 생각하는 사람도 있거든요. 차별적인 사회구조나 처음부터 공평하지 않았던 기회의 차이에 대해서는 생각하지 않고요. 물론 노력도 있었겠지만 애초에 노력할 수 있는 환경을 타고난 것 자체가 우연한 행운인데 말이에요.

호시노 저는 이 실험에 참가해본 적이 있는데요. 실험이 끝나고 교수님이 '이 교실이 나타내고 있는 것은 현실 세계'라고 설명하시더라고요. 이렇게 불공평한 사회구조를 바꾸기 위해서는 특권을 가지고 있는 사람들이 자신의 특권을 인식하고 행동에 나설 필요가 있다고요. 앞자리에 앉아 있는 사람은 앞만 보기 때문에 자신이 특권을 누리고 있다는 사실조차 알지 못하지만, 뒤를 돌아보고 자신이 특권층이라는 사실을 깨달은 뒤에도 아무런 행동도 하지 않는 사람은 차별적 구조의 재생산에 가담하는 것과 마찬가지라고 말씀하셨어요.

오오타 차별적 구조 속에서 특권을 가진 사람은 그 특권을 활용해서 올바른 행동에 나서야 하겠지요. 자신에게 특권이 있다는 사실을 알면서도 아무것도 하지 않으면 차별적 구조에 가담하는 것이라는 말에 공감해요. 어쩌면 저도 제가 모르는 사이에 다른 문제들에 소극적 가담을 하고 있지는 않을까 걱정될 때가 있어요. 하지만 일단은 제가 할 수 있는 일부터 시작하는 것이 중요한 것 같아요.

호시노 프랑스의 사회학자인 피에르 부르디외는 '배제된 자의 명석함'이라는 말을 했지요. 아까 말한 실험에 빗대어 말하자면, 특권에서 배제된 사람들은 뒤쪽에서 차별적 구조를 훤히 보고 있기 때문에 세계를 명석하게 이해할 수 있잖아요. 이와 달리 특권을 가진 사람들은 자신의 특권을 깨닫지 않아도 사는 데 지장이 없으니까 뒤쪽에 있는 사람들처럼 명석해질 필요가 없는 거예요. 자신의 자리에서 뒤를 돌아보고 차별적 구조를 자각하기 위해서는 지식이 필요한 법이거든요. 그렇기 때문에 우리 아이들에게 반드시 이러한 지식을 가르쳐야 한다고 생각해요.

오오타 제 아들들은 아직 어려서 너희들이 남자로서 특권을 가지고 있다고 말해줘도 잘 이해하지 못할 것 같아요. 하지만 자신이 어떤 위치에 있든 자신과 다른 위치에 있는 사람들이 존재한다는 사실은 꼭 알았으면 좋겠어요. 더불어 자신뿐만 아니라 사회 전체를 생각할 줄 아는 사람으로 성장했으면 해요. 우리에게는 사회의 한 구성원으로서 보다 나은 사회를 만들어야 하는 책임이 있으니까요.

특권을 가진 사람들의 행동이 변화를 만든다

호시노 특권을 가진 사람이 행동에 나서야 한다는 말은 교육현장에도 적용된다고 생각해요. 어머니들이 학교에 아무리 요청해도 개선되지 않던 것들이 아버지들이 말하면 금방 바뀌기도 하거든요. 차별과 같은 문제는 특권이 없는 사람보다 특권을 가진 사람이 목소리를 내면 몇 배나 효과적이지요. 수많은 성희롱 사건들만 봐도 피해를 당한 여자가 아무리 항의해도 '겨우 그런 일로'라며 무시당하기 일쑤잖아요. 그런데 주위에 있던 남자가 '그렇게 말씀하시면 안 되죠'라고 한마디만 거들어도 듣는 사람의 태도가 바뀌는 경우가 많아요.

이런 일이 발생하는 이유는 우리 사회가 남성우위사회이기 때문이기도 하지만, 흔히 피해자가 아닌 사람의 말을 중립적 의견으로 받아들이기 때문이기도 해요. 남자들이 자신의 특권과 발언력을 자각하고 보다 좋은 목적으로 사용하기 위해 노력해야 하는 이유이기도 해요.

오오타 무언가를 할 수 있는 힘이 있다면 그 힘을 책임감 있게 사용해야 한다는 말씀이시죠.

호시노 그렇습니다. 학교에서 일부 교사들이 노력하고 있어도 내부의 노력만으로는 도저히 바꿀 수 없는 부분들이 있어요. 그럴 때 보호자, 특히 아버지들이 함께 목소리를 내주면 상황이 훨씬 쉽게 바뀔 수 있어요. 자신의 아이들이 좋은 교육을 받기 바란다면 아버지들이 자신의 특권을 자각하고 올바르게 사용해줄 필요가 있어요.

오오타 저는 아들들을 키우며 자연스럽게 남자의 인생을 상상하게 되더라고요. 일종의 대리체험이라고나 할까요. 딸을 키우는 아버지들이 저처럼 다른 성별의 인생을 상상해보면 아마도 여자들이 당하는 여러 불이익을 깨달을 수 있으리라 생각해요. 지인들을 봐도 딸 가진 아버지들은 성폭력이나 입시차별 문제에 민감하게 반응하더라고요. 물론 그렇지 않은 사람도 있지만 조금 더 빨리 깨달은 사람들부터라도 행동에 나서주면 정말 감사할 것 같아요.

호시노 실제로 젠더 불평등 문제를 깨닫고 바로잡기 위해 노력하는 남자들이 늘어나고 있어요. 성희롱뿐만 아니라 힘희롱이나 과로사가 빈번하게 일어나는 남성중심사회의 가치관 때문에 괴로워하는 남자들도 많다 보니 해로운 남성성에 대한 논의가 활발해지면서 남자다움을 강요하는 가치관이 남자들의 삶을 고달프게 만들고 있다는 생각도 차츰 자리 잡고 있는 것 같아요. 다만, 이러한 논의가 '남자들도 힘들다'라는 점만을 강조하는 방향으로 흐르면 성차별 구조 속에서 특권을 가진 남자들에게 면죄부만 주는 꼴이 될 우려가 있어요.

남자들이 자신의 괴로움을 해결하기 위해서가 아니라 차별적 사회구조를 바로잡기 위한 행동에 나서게 하기 위해서는 특권과 특권층의 역할에 대해 가르치는 사회적 공정교육이 반드시 병행되어야 해요.

오오타 말씀하신 대로예요. '남자들도 힘들다'고 목소리를 내는 것도 중요하지만, 성차별적 구조에서 남자들의 발언이 갖는 힘을 자각하고 행동하는 것도 그에 못지않게 중요해요. 호시노 선생님처럼 생각하는 사람들이 최근 부쩍 늘어난 것 같아 마음이 든든합니다. 누군가 앞장서기 시작함으로써 생각은 있었지만 차마 행동으로 옮길 수 없었던 사람의 등을 밀어주는 효과도 있을 테니까요. 이러한 긍정적 연쇄반응이 많이 일어났으면 좋겠어요.

호시노 '남성성'을 버린다든가 성차별을 바로잡기 위한 행동에 나서는 것이 남성중심사회 가치관의 실패를 인정하는 것처럼 비추어질까 봐 불안해하는 사람도 있을 거예요. 성소수자(LGBTQ)에 대한 지지(Ally)[18]를 표명했을 때 많은 남자가 '너도 호모냐?'라며 의심의 눈초리를 했던 것은 여성혐오를 내면화한 남자들의 공포 때문이라고 생각해요. 하지만 그러한 불안과 공포를 조장하는 남성우위사회의 잘못을 정확히 알아야만 비로소 그 공포에서 벗어날 수 있지 않을까요?

정신과 전문의이자 인류학자인 미야지 나오코 씨(히토쓰바시 대학 교수)는 우리 사회에서 트라우마를 호소하는 목소리가 사회에서 어떻게 취급받는지, 트라우마의 당사자와 비당사자들의 위치와 역학관계를 '환상섬'이라는 모델을 통해 설명했어요. 환상섬은 한가운데에 침묵의 '칼데라'가 있는 도넛 모양의 섬을 말해요. 환상섬은 개별 트라우마 별로 형성되는데, 트라우마에 빠진 사람은 내해 속 깊은 곳에 가라앉아 문

| 그림3 트라우마의 환상섬 모델 |

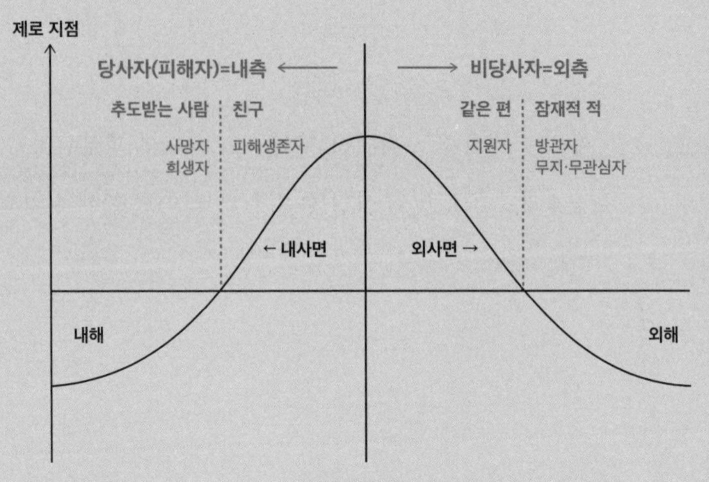

출처 미야지 나오코 《환상섬=트라우마의 지정학》에서 발췌
(미야지 나오코 《트라우마 마주보기》(성안당, 2015) 참고)

제에 대해 아무런 목소리를 내지 못합니다. 반면, 트라우마에 대해 말할 수 있는 사람은 환상섬의 육지 어딘가에 위치하지요(그림3 참조). '내사면(칼데라 내부에서 능선으로 이어지는 부분)'에는 트라우마의 당사자가 존재하고 '외사면(능선부터 섬의 바깥으로 이어지는 부분)'에는 트라우마의 비당사자가 위치해요. 칼데라의 '수위'는 사회에 따라 달라지는데, 수위가 낮아질수록 트라우마에 대해 말할 수 있는 사람이 늘어납니다.

성차별적 사회에 대한 이의제기가 많아지면 많아질수록 수면 아래에 숨어 있던 남자들도 '우리도 이런 사회를 바로잡고 싶다'고 목소리를 내는 일이 늘어날 거예요. 또 #MeToo 운동을 통해 커지는 여자들의 목소리가 숨겨져 왔던 남자들의 괴로움을 바깥으로 끌어내는 계기가 되리라 생각해요.

오오타 그렇게만 된다면 성차별적 사회구조 속에서 괴로워하던 여자들에게도 기쁜 일이 아닐 수 없지요. 남녀가 함께 성차별적 사회를 바로잡아 나가기를 진심으로 바라요.

제4장

남자아이에게 성희롱·성폭력을 어떻게 가르쳐야 할까요?

지금까지는 어른들이 남자아이를 대하는 태도와 우리 사회가 남자아이에게 보내는 메시지 속에서 제가 느끼는 문제들을 설명했어요. 그리고 이를 바로잡기 위한 성교육이나 젠더에 대한 지식을 접할 기회가 적다는 점을 말씀드렸어요. 특히 지금 가장 시급한 일은 성폭력을 없애기 위한 교육이에요.

가정에서도 학교에서도 성희롱이나 성폭력에 대해 가르치는 경우는 많지 않지요. 게다가 시도해보려 해도 어떻게 해야 할지 막막하기만 하고요. 그래서 이번 장에서는 그 방법에 대해 자세히 알려드리려 해요.

왜 성희롱과 성폭력에 대해 가르쳐야 할까요?

자녀가 성희롱이나 성폭력의 가해자가 되는 일은 생각하기도 싫을뿐더러 상상만 해도 아이에게 미안한 마음이 들어요. 하지만 가해자들에게도 분명 부모가 있고 어린 시절이 있었을 거예요. 성희롱이나 성폭력의 가해자가 되는 이유는 수많은 경우가 있기 때문에 딱 잘라 하나를 말할 수는 없지만, 어린 시절에 제대로 된 교육을 받았다면 가해자가 될 가능성을 조금이라도 줄일 수 있지 않았을까요?

매우 드물기는 해도 어른이 되기 전에 성희롱이나 성폭력의 가해자가 되는 일도 있다는 점을 생각하면 역시 한 살이라도 어릴 때의 교육이 중요한 것 같아요. 어렸을 때 집안에서 오빠나 남동생에게 성적 학대를 당하는 경우도 적지 않거든요.

최근 나라현의 한 중학교에서는 남학생 십여 명이 스마트폰과 펜 모양의 카메라로 여학생들이 옷 갈아입는 모습과 치마 속을 몰래 촬영한 뒤 그 영상을 SNS를 통해 공유하고 판매까지 하는 사건이 있었어요.

성교육이 불충분하고 성폭력에 대해서도 제대로 가르치지 않고 있는 현 상황에서 갑자기 어른들이 이런 잘못을 저지른 아이들에게 왜 성폭력을 해서는 안 되는지에 대한 본질적 이유를 제대로 알려 줄 수 있을까요? 가해자가 되기 전에 모든 남자아이는 성폭력이 무엇이고 피해자(대부분의 경우 여자)에게 어떤 영향을 주는지 확실히 알고 있어야 해요.

남자아이들이 가해자가 되는 일을 막기 위해서는 가장 불행한 성적 접촉이라 할 수 있는 성폭력에 대해 어떻게 가르치면 좋을지에 대한 고민이 반드시 필요합니다.

성희롱이나 성폭력을 사회에서 근절하려면 무엇이 필요할까요? 물론 다양한 접근 방법이 있겠지만 저는 교육이 중요하다고 생각해요. 교육 중에서도 특히 남자아이가 성희롱이나 성폭력의 가해자가 되지 않도록 가르치는 것이 가장 시급한 일이지요. 애초에 가해자가 없다면 성폭력은 발생하지 않을 테니까요.

남자가 스스로 가해 행위를 그만두는 것에서 그치지 않고 더 나아가 성희롱과 성폭력에 대한 이해와 관심을 바탕으로 피해자를 돕기 위해 노력하는 어른으로 성장하도록 교육할 수 있다면 더할 나위 없겠지요.

여자아이들은 어렸을 때부터 피해자가 되지 않기 위한 여러 가지 방법을 배우며 성장해요. 그런데 왜 남자아이들에게는 가해자가 되지 않는 방법을 가르치지 않는 것일까요?

물론 남자라고 해서 모두 성폭력이나 성희롱의 가해자가 되는 것은 아니에요. 하지만 여자들의 피해를 여자만큼이나 절실하게 생각하는 남자는 아직 일부에 불과해요. 자신의 주위에서 성희롱이나 성폭력 사건이 발생해도 신경 쓰지 않고 도우려 하지 않는 사람이 훨씬 많지요. 무시하는 것뿐만 아니라 피해를 호소하는 사람을 '자의식 과잉'이라며 비웃거나 '그렇게 말하면 누가 믿겠어'라며 오히려 피해자를 의심하는 사람들도 있어요. 이러한 사람들은 직접적 가해자는 아닐지언정 성희롱과 성폭력에 소극적으로 가담한 것이나 마찬가지입니다.

앞으로의 남자아이들이 성희롱이나 성폭력을 저지르지 않는 것을 당연하게 여기고 여자의 편에 서서 함께 분노하고 피해자를 도우려 노력하는 어른으로 성장하길 바라요.

성희롱·성폭력은 구체적으로 어떤 행위인가요?

지금까지 제가 계속해서 '성희롱', '성폭력'이라는 말을 사용했는데요. 이 책에서 이 말이 어떤 의미로 쓰이는지 다시 한 번 짚고 넘어가려 해요. 간단히 말해 성희롱과 성폭력은 다른 사람의 성적 존엄에 상처를 입히는 행위라고 할 수 있어요.

'성폭력'이라는 말에는 넓은 의미부터 좁은 의미까지 다양한 의미가 있지만, 이 책에서는 상대방이 동의하지 않은 성적 행위 중에서도 범죄에 해당하는 행위를 의미하는 말로 쓰이고 있어요. 강간이나 강제추행, 치한 행위처럼 상대방이 원하지 않았음에도 불구하고 성적 관계를 가지려 하거나 성적 목적으로 신체에 접촉하는 행위는 성폭력에 해당해요. 이 밖에도 도촬, 엿보기, 속옷 절도, 여자의 옷이나 소지품에 정액을 뿌리는 행위도 '성폭력'에 포함됩니다.

한편, '성희롱'은 범죄에 해당하지 않는 행위도 포함하기 때문에 성폭력보다 넓은 개념이라 볼 수 있어요. 성희롱도 그 의미의 범위가 매우 넓지만, 이 책에서는 상대방이 원치 않는 성적 말과 행동, 성적 괴롭힘을 비롯한 성차별적 말과 행동을 가리키는 말로 쓰입니다. 상대방이 동의하지 않은 행위이기는 하나 범죄로는 볼 수 없는 모호하고 경미한 신체 접촉(어깨를 주무르거나 머리카락을 만지고 매우 가까운 거리에서 냄새를 맡는 행위 등), 외모에 대한 성적 비하나 괴롭힘, 온몸을 위에서 아래로 훑어보는 행동, 다른 사람이 오가며 볼 수 있는 공개적 장소에서의 포르노 시청, '커피는 여자가 타야 맛있지', '남자는 결혼해야 진정한 남자가 되는 거야' 등과 같은 성차별적 말과 행동, 성적소수자를 차별하거나 모욕하는 말과 행동 등등. 이 모든 것이 성희롱에 포함된다고 생각하면 돼요.

또 직접적 성희롱이 아니더라도 성희롱 피해를 고발한 사람을 이유 없이 의심하거나 '네가 먼저 꼬리친 거 아니야?', '헛갈리게 한 사람도 잘못이 있는 거야', '꽃뱀일지도 몰라'라는 말로 피해자를 매도하는 행위나 피해 사실을 대수롭지 않게 여기는 발언도 우리 주위에서 쉽게 볼 수 있지요. 이러한 행위들을 '2차 가해', '2차 강간'이라고 부르는데, 이 또한 성희롱에 해당한다고 볼 수 있어요.

성희롱이라는 용어가 등장하면서 지금까지 여자들이 겪어왔던 말 못 할 괴로운 일들을 가시화할 수 있게 되었다는 점은 매우 긍정적이라 할 수 있어요. 하지만 용어의 의미가 너무 광범위한 탓인지 성희롱을 가볍게 여기는 사회적 분위기가 있는 것도 사실이에요. '성폭력'과 '성희롱'을 나누는 이유는 성희롱이 별것 아닌 문제라서가 아니에요. 성희롱이 사람의 성적 존엄과 관련된 중요한 문제라는 사실은 아무리 강조해도 지나치지 않습니다.

저는 일상생활과 일에서의 경험을 통해 성희롱과 성폭력이 한 사람의 몸과 마음에 얼마나 큰 상처를 남기는지 잘 알게 되었어요. 저는 변호사가 되기 전부터 성희롱이나 성폭력 피해자를 돕는 일을 하고 싶다고 생각했어요. 저 또한 성적 피해를 경험한 적이 있고, 이러한 범죄는 사람의 마음속 가장 약한 곳을 파고들어 존엄성 자체를 파괴하는 용서할 수 없는 행위라고 생각했기 때문이에요.

하지만 우리 사회는 성희롱과 성폭력을 심각하게 생각하지 않고 피해자의 고통에 비해 턱없이 가벼운 처벌을 하고 있어요. 그래서 저는 사회에서 성폭력을 완전히 뿌리 뽑기 위해서는 무엇이 필요한지 아주 오랫동안 고민해왔답니다.

성폭력 가해자의 대다수는 남자

이렇게 말하면 제가 마치 전 세계 모든 남자를 잠재적 성폭력 가해자로 생각하는 것처럼 들릴지 몰라요. 당연히 오해입니다. 저는 전혀 그렇게 생각하지 않아요. 하지만 제가 성폭력을 없애기 위해 남자가 가해자가 되지 않도록 교육해야 한다고 말하는 데는 다 이유가 있답니다.

먼저, 현실에서 일어나고 있는 성범죄 가해자 중 남자가 압도적 다수를 차지하고 있다는 점을 꼽을 수 있어요. 법무성이 발표한 범죄백서에 따르면 중대한 성범죄 가해자 중 99% 이상이 남자입니다.[19] 반면, 피해자는 96% 이상이 여자입니다. 여기에서 말하는 '중대한 성범죄'란 구체적으로 강제성교등죄(폭행하거나 협박하여 억지로 강간하는 등의 범죄로 구강성교와 항문성교를 포함) 및 준강제성교등죄(폭행 또는 협박하지 않고 술에 취하게 하는 등의 행위를 통해 상대방을 저항할 수 없는 상태로 만들어 강간, 구강성교, 항문성교 등을 하는 범죄)를 의미해요. 그러므로 앞서 정의한 성폭력 중에서도 특히 악질적인 행위에 대한 통계인 셈이지요. 하지만 성폭력 전체를 놓고 봐도 가해자의 압도적 다수가 남자라는 사실은 변하지 않아요.

오해가 없도록 덧붙이자면, 남자도 성폭력 피해를 당할 수 있고 여자와 마찬가지로 그 피해는 매우 심각합니다. 하지만 남자의 성피해는 여자의 성피해보다 훨씬 사회적 인식이 부족하고 이해받기 어려워요. 여자들조차 피해 사실을 고발하기 어려운 현실인데 성피해를 입은 남자는 더욱더 어려울 수밖에 없지요.

남자든 여자든 성피해를 당했다면 반드시 믿을 수 있는 어른을 찾아가 상담을 받으라고 당부하고 싶어요. 그리고 어른들에게도 부탁드리고 싶어요. 누군가 자신을 찾아와 성피해를 당했다고 호소한다면 절대 가볍게 넘기지 말고 진지하게 이야기를 들어주세요.

그런데 문제는 피해자의 성별을 불문하고 가해자의 압도적 다수는 남자라는 점이에요. 다시 말해, '남자→여자 성폭력'이나 '남자→남자 성폭력'이 '여자→남자 성폭력'과 '여자→여자 성폭력'에 비해 훨씬 많다는 말이지요(물론 성희롱의 가해자가 여자인 경우 있어요. 특히 피해를 호소하는 여자에 대한 2차 가해 발언은 여자들이 주도하는 경우가 종종 있지요. 이러한 행위도 용서할 수 없는 범죄이기는 하나 이 책의 주제와는 맞지 않으므로 다루지 않습니다).

성폭력 범죄에 남자 가해자가 많다는 사실을 통해 제가 말하고자 하는 것은 남자에게는 원래(생물학적으로/유전자, 특성상/뇌의 기능 때문에) 그러한 '본능'이 있기 때문이라는 말이 아니에요. 성폭력 범죄가 발생하는 이유에 대한 다양한 주장이 존재하지만 남자의 성욕은 본능이라든가, 남자는 성욕이 강해서 이성으로 통제할 수 없다는 설명은 잘못되었어요.

정말 성욕이 인간의 자연스러운 본능인지는 검증된 바 없어요. 성욕의 유무와 정도는 사람에 따라 달라요. 또 사람은 생식을 목적으로 하지 않는 섹스를 즐기는 유일한 동물이라는 점도 고려해야 합니다. 만약 성욕이 본능이라 하더라도 똑같은 본능에 해당하는 식욕은 언제 어디서 먹을지를 상황에 맞게 충분히 조절할 수 있잖아요. 그런데 왜 성욕만 조절할 수 없는 걸까요?

공공장소에서 여자를 희롱하는 행위를 중독 증상의 하나로 보고 상습적인 치한들을 연구한 사이토 아키요시 씨는 약 200명의 가해자를 대상으로 설문조사를 진행했어요. 조사 결과에 따르면 '행위 중에 발기하는가?'라는 질문에 과반수의 사람이 '발기하지 않는다'라고 대답했다고 해요.[20] 이 결과는 성폭력의 동기와 원인이 반드시 성욕 때문만이 아니라는 사실을 말해주고 있어요.

그렇다면 성폭력 가해자가 성폭력을 저지르는 진짜 이유는 무엇일까요? 그리고 통계에서 드러난 것처럼 가해자의 대다수가 남자인 것은 왜일까요? 저는 그 이유가 해로운 남성성 속에 존재하는 잘못된 편견 때문이라고 생각해요. 여자를 지배해야 진짜 남자라든가, 남자는 여자보다 성적으로 우월해야 한다는 편견이 대표적이지요. 차별적 사회구조 속에서 해로운 남성성과 여자를 무시하는 태도를 내면화하며 성장한 남자들이 잘못된 남성성의 규범을 억지로 실현하려는 과정에서 성폭력이 일어나게 되는 것이지요.

그러므로 우리 사회에서 성폭력을 근절하기 위해서는 남자아이를 키우는 과정에서부터 해로운 남성성의 씨앗을 제거하기 위해 노력해야 해요. 성폭력적 발상으로 이어질 우려가 있는 해로운 남성성에서 벗어나 여자를 동등한 대상으로 존중할 수 있도록 교육에 힘써야겠지요.

1장에서 말씀드렸듯이 아이들은 순수한 상태로 태어나지만 성장하면서 사회로부터 여러 영향을 받을 수밖에 없어요. 사회로부터의 유해한 메시지에 물들지 않도록 올바른 메시지를 분별하는 힘을 키워주는 교육은 일종의 백신이라고도 할 수 있어요. 질병을 예방하는 백신처럼 해로운 남성성을 차단해줄 테니까요. 이미 해로운 남성성이라는 독을 마셔버린 남자아이들에게도 지속적인 교육이 해독제 역할을 해주리라 믿어요.

성폭력 혐의로 체포된 가해자들이 주로 하는 말이 있어요. '나쁜 의도로 그런 것은 아니었는데', '친해지고 싶어서 조금 장난친 것뿐인데'라는 등의 변명이지요. 또는 '(피해를 당한) 여자가 먼저 유혹했다'라거나 '우리는 연인관계였다'라는 식으로 제삼자가 들으면 깜짝 놀랄 만한 착각을 하고 있을 때도 많아요. 가해자들과 피해자들이 보고 있는 세계는 같은 세계라고는 믿을 수 없을 정도로 달라서 현기증이 날 때도 있답니다.

서로 합의한 관계였다는 믿음이 확고한 나머지 피해자의 상처나 자신이 저지른 범죄의 심각성을 전혀 모르는 사람들도 있어요. 심지어 '꽃뱀한테 넘어간 거예요', '그때는 합의해놓고 이제 와서 강간이라고 거짓말하는 거예요'라며 마치 자신이 피해자인 것처럼 말하기도 하지요. 어떻게 해야 가해자들이 자신이 저지른 행위가 상대방이 동의하지 않은 성폭력이라는 사실을 이해하게 할 수 있을지 막막합니다.

과거의 사건들만 봐도 성폭력 가해자가 자신이 저지른 짓의 의미를 충분히 이해하고 반성하기란 매우 어렵다는 사실을 알 수 있어요. 인생을 살아오며 형성된 가치관이나 여자에 대한 잘못된 시각을 하루아침에 바꾸기란 불가능에 가까우니까요.

저는 애초에 우리 사회에 성폭력이란 무엇인지, 피해자에게 어떤 영향을 끼치는지, 왜 해서는 안 되는지에 대한 답이 공유되어 있지 않은 점이 문제라고 생각해요. 심지어 사회는 남자들에게 성폭력을 가볍게 여기는 잘못된 인식을 심어주는 메시지를 끊임없이 보내고 있지요. 이러한 문제가 모든 성폭력의 원인이라고는 할 수 없지만, 많은 성폭력 사건의 배경이 되고 있다는 것은 분명합니다.

성희롱 가해자가 되지 않기 위해 가르쳐야 하는 것

부모는 아이들에게 예의범절과 사물의 옳고 그름을 판단하는 법을 알려줘야 할 의무가 있어요. 하지만 보통은 '사람을 때려서는 안 된다', '약한 사람을 괴롭히면 안 된다', '험담을 하면 안 된다'라는 것들은 가르치면서 '이런 행동은 성희롱·성폭력에 해당하니까 절대 하면 안 돼'라고는 알려주지 않지요. 남자든 여자든 이러한 교육을 받은 사람이 거의 없을 거예요.

성적 접촉을 시작하는 연령대가 되면 부모와의 대화가 줄어들기 마련이고 아이들의 성적 행동은 사생활의 영역이므로 이것저것 캐물을 수도 없게 되지요. 하지만 이때야말로 아이들에게 가해자가 되지 않기 위한 교육을 해야 하는 시기예요. 아이들이 실제로 성적 행동을 하는 나이가 되기 전에 가르치는 것이 가장 효과적이기 때문이지요.

구체적으로 무엇을 가르쳐야 할지는 저도 아직 고민 중이지만 제가 꼭 필요하다고 생각한 내용을 아래와 같이 정리해보았어요(②, ③은 넓은 의미에서 ①에 포함될지도 모르겠네요).

①… 자신의 몸과 타인의 몸을 존중하는 생각을 키워주는 포괄적 성교육

②… 성폭력이 얼마나 사람을 상처 입히는지 알려주기

③… 성폭력적 발상으로 이어지기 쉬운 표현을 분별하는 능력

①에서 말하는 포괄적 성교육의 중요성은 이미 3장에서 설명했어요. ③에 대해서는 5장에서 다룰 예정이니 이번 장에서는 ②를 집중적으로 다루어볼까 해요.

성폭력이 피해자들에게 주는 상처를 알려주려면

성폭력이 사람의 마음을 얼마나 망가트리는지 정확히 알고 있나요? 아이들이 성폭력 피해자도 가해자도 되지 않게 하려면 성폭력이 무엇인지 알려줘야 한다고 생각해요. 그 방법이나 내용에 대해서는 저도 매일 고민하며 시행착오를 겪고 있지요.

아들들이 학교에 들어가기 전에는 성피해를 당하지 않도록 지금보다 훨씬 더 신경을 썼던 것 같아요. 그리고 《난 싫다고 말해요-나쁜 사람들로부터 나를 지키는 책》(베티 뵈거홀드, 북뱅크)이라는 그림책을 매일 읽어줬답니다. 이 책은 따뜻한 그림과 함께 '이런 일이 생기면 소리 지르며 도망쳐야 한다'고 아이들에게 알려주는 책이에요.

성폭력을 가르칠 때 상대방의 동의 없이 몸을 만지거나 다치게 하면 안 된다고 알려주기는 간단하지요. 일반적인 도덕 개념이나 마찬가지니까요. 하지만 서로의 동의 아래 주체적으로 이루어지는 육체적 접촉은 쾌감을 주고 정신적으로 안도감을 준다는 사실도 함께 알려주지 않으면 아이들이 성을 무섭고 더러운 것 혹은 나쁜 것으로 여길 수 있어요.

저는 아들들에게 "상대방이 좋다고 말하지 않는 한 다른 사람의 몸에는 절대 손을 대면 안 돼. 우리도 누군가가 허락 없이 우리 몸을 만지면 기분 나쁘고 무섭잖아", "하지만 상대방이 좋다고 하면 손을 잡거나 꼭 안아줘도 괜찮아. 그렇게 하면 서로 좋아하는 마음을 확인할 수도 있고 상대방이 더욱더 좋아지기도 한단다. 다른 사람의 몸을 만지는 일은 상대방을 행복하게 만들 수도 있고 무섭게도 만들 수 있는 거야. 상대방과 내가 어떤 사이냐에 따라 느낌이 달라지거든. 그러니까 상대방의 마음을 확인하는 것이 제일 중요해"라고 설명해주고 있어요.

어느 날은 지하철역에서 '치한 행위 금지'라는 포스터를 본 아들이 "치한 행위가 뭐야?"라고 묻더라고요. 아마도 초등학교 저학년 무렵이었던 것 같아요.

저는 "다른 사람이 마음대로 내 몸을 만지는 거야. 보통 여자들이 피해를 당할 때가 많은데 남자도 당할 수 있어. 나쁜 짓을 하는 못된 사람들이 있거든. 이런 일을 당하면 정말 무섭고 싫은 기분이 든단다"라고 대답했어요. 그런데 아직도 잘 모르겠다는 얼굴이더라고요. 그래서 이렇게 덧붙였지요. "만약에 모르는 아저씨가 갑자기 엄마 엉덩이를 만지면 엄마는 너무 무섭고 싫을 거야. 아저씨가 만진 곳이 더러워진 기분이 들어서 당장 집에 가서 깨끗이 씻고 싶어질지도 몰라"라고요. 그제야 조금 알 것 같았는지 아들이 얼굴을 잔뜩 찡그렸어요.

성폭력 피해의 심각성을 상상하지 못하는 남자들

제 인생에서 성폭력은 아주 가까운 곳에서 일상적으로 일어나는 일이었어요. 지금 돌이켜보면 경찰에 신고하거나 민사사건으로 고소해야 마땅했을 일들도 있었던 것 같아요. 범죄는 아니었지만 처음 보는 남자 때문에 공포를 느낀 적도 있었어요. 지금도 그때를 떠올리면 가슴이 터질 것처럼 쿵쾅거린답니다.

마트에서 모르는 남자가 계속 제 뒤를 쫓아온 적도 있고, 에스컬레이터를 타고 가는데 반대편 에스컬레이터에 서 있던 남자가 갑자기 제 손을 잡으려고 했던 적도 있어요. 마침 손잡이에서 손을 떼고 있어서 스치는 정도로 그쳤지만, 깜짝 놀라서 뒤돌아보니 그 남자는 씩 웃으며 반대 방향으로 멀어지고 있었어요. 그때의 공포와 불안은 지금도 잊을 수 없어요.

아마도 여자라면 한 번쯤 이런 경험이 있을 거예요. 2019년 1월 21일에 '#WeTooJapan'이 발표한 '공공장소에서의 성희롱 실태조사(관동지역 남녀 약 1만 2천여 명 대상)'의 결과를 보면 지하철이나 버스 등 대중교통에서 '누군가 내 몸을 만졌다', '일부러 몸을 밀착시켰다'와 같은 일은 겪은 여자는 응답자의 절반 이상이었어요.[21] 또 내각부의 조사 내용에 따르면 여자들은 13명 중 1명꼴로 강제성교 등의 추행을 당한 적이 있다고 해요. 미수에 그친 사건까지 포함하면 그 수는 훨씬 더 늘어나겠지요. 가해자의 약 90%는 배우자나 상사, 지인 등 이미 알고 있던 사람들이에요. 피해자의 60%는 아무에게도 피해 사실을 말하지 못했고 경찰에 신고한 사람은 30%에도 미치지 않는다고 합니다.[22] 성피해 사실을 누군가에게 말한다는 것은 매우 어려운 일이에요. 경찰이 파악하고 있는 통계에 나타난 성폭력 피해는 실제 일어난 성폭력 사건의 극히 일부일지도 몰라요.

저도 미디어를 통해 성폭력 사건들을 접할 때마다 더욱더 조심해야겠다는 생각이 들어요. 일상생활 속에서도 항상 성폭력에 대한 공포를 느끼고 피해자가 되지 않기 위해 행동거지를 조심하게 되요. 하지만 남자들은 한 번도 이런 생각을 해본 적 없는 사람이 많을 거예요.

속성의 차이로 세상을 보는 시각이 달라지는 것은 어쩔 수 없는 일이에요. 하지만 남자들이 '나는 남자니까 성폭력 피해는 나와 상관없어'라고 당연하게 여기는 것은 문제라고 생각해요. 이렇게 중대하고 심각한 폭력이 매일같이 발생하고 많은 여자가 고통받고 있는데 인구의 절반을 차지하는 남자가 성폭력에 무관심하다는 것은 말도 안 되는 소리예요. 자신의 가족이나 친구처럼 가까운 사이의 여자가 피해를 볼 가능성도 있는데 말이에요.

아이들에게 '다른 사람을 괴롭히면 안 돼'라고 가르칠 때 자주 사용하는 방법이 있어요. 바로 괴롭힘당하는 것이 얼마나 괴로운 일인지 알려주고 상상해보도록 하는 것이지요. 마찬가지로 성폭력도 성폭력 피해가 얼마나 끔찍한지에 대해 아이들 연령에 맞추어서 가르칠 필요가 있어요.

어느 정도 나이가 되면 실제 성폭력 피해자들이 쓴 수기를 읽어보게 하는 것도 좋은 교육이 될 것 같아요. 저는 아직 아들들이 어려서 수기 대신 만화를 보여주고 있어요. 제가 읽고 싶어서 샀던 여러 만화책 중에 아들이 봐도 유익할 것 같은 작품을 추천해주고 있어요.

여러 훌륭한 작품들 중에서도 《굿바이 미니스커트》(마키노 아오이, 서울미디어코믹스)는 성피해를 비롯한 여자들이 겪는 괴로움을 정면으로 다루고 있는 도전적인 작품이에요. 《세븐시즈7SEEDS》(타무라 유미, 서울문화사)는 단행본으로 35권까지 나온 장편작품으로 성폭력이 주제는 아니지만, 주요 등장인물이 강간미수를 저지르는 에피소드가 등장하고 이 에피소드가 전체 내용에서 중요한 의미를 지니고 있어요. 증오하는 여자를 고통스럽게 만들기 위한 수단으로 강간이 선택되는 과정을 알기 쉽게 그리고 있다는 점도 특징이지요.

제가 아이들에게 성폭력에 대해 가르칠 때 중요하게 여기는 또 한 가지는 아이들이 절대 본받아서는 안 될 어른들의 태도를 알려주는 것이에요. 아이들이 반면교사로 삼아야 할 어른들의 대표적인 태도에는 다음과 같은 것들이 있어요.

①… 성폭력 피해의 원인에는 피해자의 잘못도 있다고 생각한다(레이프 컬처).

②… 성폭력을 야한 이야기 정도로 여긴다.

③… 주위에서 성폭력이 일어나도 돕지 않는다.

지금부터 이 세 가지에 대해 자세히 설명할게요.

① 레이프 컬처란?

'레이프 컬처'란 말을 아시나요? 학술용어가 아니라 엄밀하게 정의할 수는 없지만 '성폭력을 일상적인 일로 생각하여 강간하지 않도록 가르치는 것이 아니라 강간당하지 않도록 교육하는 문화'를 가리키는 말이에요. 1970년대 무렵부터 페미니스들이 사용하면서 널리 퍼진 말이지요.

성폭력이 발생했을 때 '그런 옷을 입고 있으니까'라든가 '단둘이 술을 마시니까'라며 피해자의 잘못을 지적하는 말을 들으면 사람들이 성폭력을 마치 막을 수 없는 자연재해처럼 생각하고 있다는 생각이 들어요. 언제라도 발생할 수 있는 자연재해에 미리 대비하듯 성폭력에도 단단히 대비했어야 하는데 피해자가 게을러서 대비하지 못했다고 비난하는 것처럼 들리거든요. 성폭력이 자연재해처럼 일상적인 일로 취급받고 피해자에게 성폭력을 피하기 위한 노력을 강요하는 사회적 분위기야말로 레이프 컬처라 할 수 있어요.

상대방이 동의하지 않은 성적 행위(섹스뿐만 아니라 성기나 가슴 등의 프라이베이트존을 만지거나 성희롱 발언을 하는 것)를 성폭력으로 인지하지 않거나 성피해를 호소하는 여자를 '노출이 많은 옷을 입고 다니니까 그렇지', '단둘이 술 마시러 갔으면 당연히 섹스도 하는 거지', '너 꽃뱀이야?'라며 비난하는 것도 레이프 컬처의 대표적인 현상이에요.

저는 일본 사회의 레이프 컬처 문제가 매우 심각하다고 생각해요. 너무나 일상적이어서 레이프 컬처를 인식하지 못하고 있을 뿐 아니라, 남자든 여자든 레이프 컬처의 영향을 받지 않고 성장하기란 현실적으로 불가능에 가깝지요. 만약 아이들이 성폭력 피해자의 잘못을 지적하는 말을 보거나 들었다면 꼭 바로잡아 주기를 부탁드려요. 그러한 생각이 '잘못된 생각'이라는 사실을 아이들에게 알려주세요.

– ② 성폭력을 야한 이야기 정도로 여긴다

마치 포르노라도 보는 것처럼 실제 성폭력 사건을 성적 대상으로 즐기는 사람도 있어요.

제가 사법연수생이던 시절에 형사재판을 보러 가면 꼭 성범죄 사건만 방청하러 오는 남자가 있었어요. 형사재판을 자주 방청하는 사람들 사이에서는 이미 '성범죄 방청 마니아'로 꽤 알려진 사람이었지요. 물론 순수하게 연구를 목적으로 오는 사람도 있지만, 대부분은 실제 성범죄 사건의 구체적 내용을 즐기러 오는 사람들이었어요.

재판은 공개하는 것이 원칙이기 때문에 누구나 볼 수 있고, 불순한 목적으로 방청한다고 해도 막을 수 없어요. 하지만 성폭력 피해자를 성적 호기심이 가득한 시선으로 바라보며 구경거리 취급하는 제삼자로 인해 피해자는 또 다른 고통을 받게 되지요. 이처럼 타인의 성폭력 피해를 즐기기 위해 재판을 보는 일은 세컨드 레이프, 즉 2차 강간이나 다름없어요.

또 사법연수원 동기였던 남자 변호사가 '성범죄 피해자를 조사하는 일은 마치 포르노를 보는 것 같아'라고 말하는 것을 듣고 등골이 오싹했던 적도 있어요. 그 말을 듣자마자 '그렇게 말하는 걸 피해자가 들으면 기분이 어떻겠어'라고 쏘아붙이자 동기는 그제야 퍼뜩 정신이 든 얼굴로 난처한 표정을 짓더라고요. 이 동기는 평소에 전혀 성차별적인 말과 행동을 하는 사람도 아니었고 저와 친하게 지냈던 사람이기 때문에 '이 사람도 이런 말을 하는구나'라고 적잖은 충격을 받았던 기억이 나요.

학창 시절에는 남자 동급생과 성폭력에 대해 이야기하다가 제가 '남자도 성폭력 피해를 당할 수 있어'라고 했더니 동급생이 '에이, 그럼 내가 영광이지'라며 빙긋 웃더군요. 아무래도 제 말을 제대로 이해하지 못한 것 같아서 "나는 전혀 하고 싶지 않은데 내가 싫어하는 사람이 나를 만진다는 말이야. 남자의 성피해는 가해자가 여자일 수도 있지만 남자가 가해자일 때가 훨씬 많고 힘으로 제압당하거나 집단으로 성적 괴롭힘을 당하는 경우가 많아"라고 말해주자 그제야 "그건 싫은데……"라며 얼굴을 찡그리더라고요. 아마도 그 친구가 생각한 성피해는 '섹시한 여자가 적극적으로 자신에게 달려드는 것' 같은 이미지였겠지요. 자신이 강제로 성적 접촉을 당할지도 모른다는 상상조차 해본 적 없을 테니까요.

성폭력 피해 중에서도 특히 지하철 내에서의 치한 피해는 '자주 있는 조금 야한 일' 정도로 취급받기도 해요. 지하철에서 치한 피해를 당했다고 하면 "어떻게 만지던가요?"라며 흥미진진한 표정으로 물어오는 남자가 있을 정도니까요. 저도 경험한 적이 있는데 그럴 때 남자들의 얼굴은 마치 음담패설이라도 기대하는 것 같아요. 그들에게 성폭력 피해는 그저 '야한 이야기'의 일종으로 왜곡되고 축소되고 있는 것 같다는 생각마저 들더라고요.

《치한이란 무엇인가-피해와 누명을 둘러싼 사회학痴漢とはなにか 被害と冤罪をめぐる社会学》(마키노 마사코, 한국 미출간)라는 책을 보면 치한 피해를 야한 이야기쯤으로 여기는 인식이 개인뿐만 아니라 사회 전체에 존재한다는 사실을 알 수 있어요. 이 책은 1950년대부터 현재까지 잡지나 신문 등 미디어에서 치한이 어떻게 기술되어 왔는지를 방대한 예를 바탕으로 소개하고 있어요. 작가와 뮤지션이 신문이나 잡지에서 과거에 자신이 저질렀던 치한 행위를 그리워하거나 리포터가 추행당한 여자 배우에게 '기분 좋지 않았나요?'라며 묻기도 하지요. 심지어 이렇게 치한을 하나의 오락거리처럼 여기는 기사는 2000년대에 발행된 주간지에서도 찾을 수 있어요.

사회적 인식이 이렇다 보니 치한 피해로 괴로워하는 여자들마저 '치한은 성폭력자'라는 생각을 좀처럼 하지 못하는 것 같아요. '성피해를 당한 경험이 있습니까?'라는 질문에 '성피해는 당한 적 없지만 치한은 자주 만나요'라고 대답하는 사람도 있지요. 시간이 한참 걸릴지도 모르겠지만 언젠가는 '내가 매일 성폭력 피해를 당했던 거구나'라고 깨달을 날이 오겠지요.

외국에서도 성폭력이나 성희롱 사건은 일어납니다. 하지만 다른 나라들에 비해 치안이 좋은 나라로 평가받는 일본에서 유독 지하철에서만 치한 행위가 빈번하게 발생하다니 이상하지 않나요? 외국에서 보면 일본의 이러한 모습은 불균형하고 기이하게 보일지 몰라요. 실제로 영국정부가 자국민들을 대상으로 해외국가에 갈 때 유의해야 할 점을 알려주는 사이트에서는 일본을 이렇게 설명해요. '범죄율이 낮고, 밤에 외출하거나 대중교통 이용도 안전하다'고 설명하면서 '출퇴근 시간 지하철에서 여자에게 부적절한 접촉을 시도하는 치한('Chikan'이라고 원문에 표기되어 있음) 행위가 빈번하게 발생한다'고 경고하고 있어요.[23]

저널리스트인 나오베 렌게 씨는 일본의 치한 문제에 대한 외국인들의 생각을 기사로 쓰기도 했어요. 기사는 '성범죄에 확실히 대응하지 않으면 외국인은 일본에 오고 싶어 하지 않을 거예요. 피해자는 지원하고 가해자는 치료하는 동시에 사회 전체에서 치한과 성범죄를 없애기 위한 논의가 지속적으로 이루어져야 합니다(30대 대만 남성)'라는 인터뷰를 근거로 '치한은 중대한 인권 문제이며 방치하면 국익의 훼손으로 이어질 수 있다'고 지적하고 있어요.[24]

치안이 좋지만 여자는 지하철에서 일상적으로 치한 피해를 당할 뿐만 아니라 치한 행위의 폭력성은 사라진 채 성적인 부분만 강조되어 치한 피해를 야한 이야기쯤으로 치부하는 나라. 이러한 일본의 현실이 결코 당연한 것이 아님을 우리는 기억해야 합니다.

- ③ 피해자를 무시하고 돕지 않는다

앞서 말씀드렸던 반면교사로 삼아야 할 어른들의 태도 중에서도 치한 피해자를 보고도 무시하고 돕지 않는 행동만큼은 우리 아이들이 절대 본받지 않았으면 좋겠어요.

십 대 여학생을 돕기 위한 사회활동을 펼치고 있는 일반 사단법인 Colabo의 대표 니토 유메노 씨는 한 인터넷 미디어를 통해 야마노테선 지하철 안에서 한 여자아이가 치한 피해를 당하는 모습을 우연히 목격하고 도왔던 경험을 밝혔어요. 한 남자가 혼자 지하철에 타고 있던 여섯 살 정도의 여자아이를 자신의 옆에 앉히고 아이의 몸을 만지고 있었다고 해요. 그 모습을 본 니토 씨는 바로 남자와 여자아이 사이에 앉아서 여자아이를 보호하고 자신의 파트너에게 메시지를 보내 경찰에 신고해달라고 부탁했지요. 그사이에도 남자는 히죽대며 여자아이를 향해 '귀엽네'라고 중얼거렸어요. 분명히 주위에 있던 다른 승객들도 남자의 행동을 알아차렸을 텐데 아무도 도와주려 하지 않았다고 해요.

니토 씨는 열차가 멈추자마자 여자아이의 손을 잡고 근처에 있던 회사원으로 보이는 남자 세 명에게 다가가 "저 사람 치한이에요. 잡을 수 있게 도와주세요"라고 말했지만, 남자들은 "저희는 일하러 가야 해서요"라며 도와주지 않았어요. 그런데 지하철 문이 막 닫히려는 찰나에 한 남자 승객이 "저 사람 치한이에요! 잡아주세요!"라고 외치자 남자가 괴성을 지르며 열차에서 내려 그 길로 도망쳤다고 해요. 니토 씨는 몇 번이나 "치한이에요! 도와주세요!"라고 외쳤지만 끝내 잡을 수 없었어요.

잠시 니토 씨가 썼던 글을 옮겨볼게요.

______ 지하철 안에는 우리 주변에 20~30명이나 되는 사람들이 있었고, 그중 몇 명은 틀림없이 우리가 어떤 상황인지 눈치 채고 있었을 것이다. 여자아이가 피해를 당하는 모습과 내가 돕는 것까지 분명히 봤을 테니까. 신주쿠역 홈에는 사람이 적어도 100명은 있었다. 하지만 그 상황에서 치한을 잡기 위해 쫓아간 사람은 남자 두 명과 그저께 도쿄에 막 도착했다는 23살 여자가 전부였다.[25]

니토 씨의 경험담을 읽은 사람들은 '나도 똑같은 경험을 한 적이 있다', '어렸을 때 겪었던 피해가 떠오른다'라며 공감했고, 250명 이상의 사람들이 SNS상에 댓글을 남겼어요. 댓글 중 대부분은 '나도 같은 피해를 봤는데 아무도 도와주지 않았다'는 내용이었다고 해요.

저도 대학생 때 지하철에서 어떤 남자가 제 앞에 선 여자의 몸을 만지는 모습을 본 적이 있어요. 그 남자는 지하철에 탈 때부터 거동이 수상했는데 체격이 큰 데다 무척 위압적인 분위기를 풍기고 있었어요. 그래서 저는 옆에 앉은 아버지뻘의 남자 분에게 "죄송한데, 저 사람이 좀 이상한 것 같아요. 도와주세요"라고 도움을 청했어요. 하지만 남자 분은 "뭐? 에이, 별일 없을 거야"라며 넘길 뿐이었지요. 제가 보고 있다는 것을 눈치 챘는지 치한은 금세 다른 곳으로 가버렸지만, 그때는 정말이지 심장이 터질 것만 같았어요. 지금이라면 당장 지하철 내의 비상호출 버튼을 눌렀을 텐데 그때는 그런 생각조차 하지 못했죠.

성폭력의 피해 양상은 다양하지만, 특히 지하철 내에서의 치한 행위는 도심 지역에서 일상적으로 일어나고 있어요. '중고등학교 시절에 매일 치한을 만났었어'라고 말하는 여자도 많지요. 바로 옆에서 성폭력이 발생하고 있는데 아무도 도와주지 않는 상황은 아무리 생각해도 비정상이에요. 심지어 니토 씨와 제가 경험했던 것처럼 도와달라는 부탁을 무시하는 사람도 있지요.

2020년 1월에는 오사카의 한 지하철역 홈에서 대낮에 십 대 후반의 여학생이 생면부지의 남자들에게 피해를 보는 사건이 발생했어요. 이처럼 여자들에게 성폭력은 아주 일상적인 공포라고 할 수 있어요. 부디 남자들이 경각심을 가지고 한 번 더 자신의 주위를 살펴봐 주었으면 좋겠어요. 그리고 우리 아이들이 치한 피해를 보고도 무시하거나 도와달라는 요청을 거부하는 어른이 되지 않게 해주세요.

아직은 일부에 불과하지만 제가 지금까지 말한 내용을 충분히 인식하고 폭력에 반대하는 '주체적 행동'에 나서는 남자들도 있어요.

1991년에 캐나다에서 시작된 '화이트리본 캠페인'은 남자들이 주체가 된 여성 폭력 근절 캠페인입니다. 이 운동은 1989년에 일어난 한 사건을 계기로 시작되었어요. 몬트리올의 한 대학에서 25세 남자가 여자의 권리확장에 반대하며 여학생 14명을 살해하고 자살한 사건이었지요. 범인이 남긴 유서에는 자신의 인생이 고달픈 것은 모두 여자의 권리확장 때문이며 그래서 여자를 증오한다고 쓰여 있었어요.

일본에서는 2012년에 고베에서 첫 활동이 시작된 이래 2016년 4월에 일반 사단법인 화이트리본캠페인재팬WRCJ이 설립되었습니다. WRCJ의 인터넷 사이트에는 '성폭력, 가정폭력, 다양한 성희롱 등 여성에 대한 폭력을 없애는 열쇠는 하나입니다. 폭력을 행사하지 않는 수많은 사람 특히 자신은 여성 폭력 문제와 관계없다고 생각하는 남자들이 해결을 위해 행동에 나서는 것입니다'라는 말이 적혀 있어요. 저는 이 말에 진심으로 공감합니다. 지금까지는 남자들의 행동이 턱없이 부족했어요.

앞으로의 남자아이들은 자신이 가해자가 되지 않기 위해서뿐만 아니라 성폭력을 없애기 위해 주체적으로 움직이는 어른이 되었으면 해요.

제5장

발전하는 사회적 상식에 맞춰 변화하기

우리는 일상생활 속에서 TV나 잡지, 인터넷 등의 미디어가 묘사하는 여자와 남자의 모습을 보며 많은 영향을 받아요. 미디어에는 성차별이나 성폭력을 바르게 이해하는 데 도움이 되는 정보가 있는가 하면 올바른 이해를 방해하는 정보도 존재하지요. 이 장에서는 남자아이들의 착각을 부를 우려가 있는 미디어상의 표현을 살펴보려 합니다.

야하다고 생각하니까 야하게 느끼는 것

본격적인 이야기에 앞서 사람들의 '성욕'에 대해 생각해볼 필요가 있을 것 같아요. 흔히 말하는 것처럼 정말 성욕은 자연스러운 본능이고 이성으로 제어할 수 없는 것일까요?

개인차는 있겠지만 성욕은 신체의 성장과 함께 사춘기 전후에 생겨나는 아주 자연스러운 현상이에요(성욕이 생기는 시기에는 개인차가 있으며 성적 욕구를 전혀 느끼지 않는 '에이섹슈얼'도 있음). 하지만 성적 대상의 어떤 점에 매력을 느끼는지는 사회적으로 형성된 문화와 관련이 있어요. 무라세 유키히로 씨는 '성욕이란 본능이 아니라 문화다. 그러므로 올바른 성교육이 중요하다'며 성욕의 본질을 지적하기도 했지요.[26]

'성욕은 본능이 아니라 문화'라는 말은 아주 중요한 포인트예요. 우리 사회에는 여자의 가슴이 성적 흥분을 일으킨다는 인식이 있어요. 실제로 그라비아(비키니나 속옷 차림의 여자 화보:역자주) 등을 보면 여자의 큰 가슴을 유독 강조하여 'G컵 바디' 같은 표현을 쓰는 것을 쉽게 볼 수 있어요. 아마 남자들이라면 누구나 사춘기 때 여자의 풍만한 가슴에 두근거렸던 경험이 있을 거예요. 하지만 에도시대의 춘화(섹스를 묘사한 그림, 즉 포르노그래피)를 보면 여자의 가슴을 성적 흥분을 부르는 요소로 생각하지 않았답니다. 크기나 모양과 상관없이 에도시대 사람들은 애초에 가슴을 섹시한 부위로 생각하지 않았던 것 같아요. 물론 다르게 생각하는 사람도 있었겠지만, 대부분은 '가슴을 봐도 흥분되지 않아'라고 생각했던 거지요. 일본에서 '여자 가슴을 보면 성적으로 흥분한다'는 생각이 일반적으로 자리 잡은 것은 의외로 꽤 최근의 일이에요.

성적 흥분에는 여러 종류가 있는데, 성기를 만지는 것처럼 물리적 접촉으로 발생하는 생리적 흥분도 있지만 무언가를 보거나 들음으로써 성적 흥분을 느끼기도 해요.

어떤 이미지에 흥분을 느끼는가는 개인의 취향에 따라 다르지만, 사회적으로 '성적 흥분을 일으키는 것'으로 통용되는 특정한 기호에 영향을 받는 측면이 있어요. 정확히 무엇 때문에 흥분했는지를 구분하기란 쉽지 않아요. 하지만 사회적으로 만들어진 성욕이 존재한다는 사실은 분명합니다. 사람들은 특정한 '기호'에 성적 흥분을 느끼는 거예요.

성교육에서 성적 표현에 대해 논의할 때 이 점을 반드시 염두에 두어야 해요. 무언가를 '야하다'라고 느끼는 이유는 사실 자연스러운 본능 때문이 아니라 사회가 성적 의미를 부여했기에 야하다라고 느끼는 것이기 때문이지요.

제가 우려하는 부분은 성적 기호의 대상이 무분별하다는 점이에요. '왜 이런 것까지 성적 기호로 만들지?'라는 불안감을 느낄 때가 종종 있거든요. 무엇을 '야하다'라고 느낄지는 개인의 자유에 속하지만, 무언가를 야하다고 느낌으로써 발생하는 행위가 상식적인 행동으로 용인될지는 그 사회의 문화에 달려 있어요. 문화는 영원불변하지 않고 시대에 따라 변하고 업데이트되기도 하지요.

제가 걱정하는 '문화'에 대해서는 지금부터 자세히 살펴볼게요.

특별취급 당하는 남자 이성애자의 성욕

성욕은 남녀 모두에게 존재합니다. 하지만 우리 사회는 남자의 성행동과 여자의 성행동을 다르게 취급해요. 시대와 지역에 따라서도 달라질 수 있지만, 현재 일본에서 남자(그중에서도 이성애자인 남자)의 성욕은 긍정적으로 취급되는 반면, 여자의 성욕은 대놓고 표현할 수 없는 것으로 여겨지고 있어요. 이렇게 생각해본 적 없다고요? 당연해요. 이상함을 느낄 수 없을 정도로 당연히 그렇듯 되어 있으니까요.

'남자도 아무 곳에서나 성욕을 표현할 수는 없어요'라며 반론하는 사람도 있을 거예요. 하지만 정말 그렇다면 지하철의 광고판과 편의점이나 역 안의 매점에서 판매하는 잡지 표지에 수영복 차림의 젊은 여자 화보가 버젓이 실려 있는 것은 어떻게 생각하시나요? 유홍업소 대부분이 남자 이성애자를 위한 서비스를 제공하는 것은 당연한 건가요?

여자에게도 성욕이 존재하는데(또 이성애자가 아닌 남자도 존재하는데) 어째서 남자 이성애자들이 성적 흥분을 느낄 법한 사진이나 서비스만 공공장소에 넘쳐나고 있는지 생각해본 적 있나요? 이런 실태는 결코 자연스러운 일이 아닐 뿐더러 오히려 불균형적인 일이에요.

만약 남자 이성애자의 성욕이 특별취급을 받는 것이 아니라면, 섹시한 남자의 화보가 실린 잡지나 레즈비언이나 게이를 타깃으로 한 잡지들도 편의점에서 판매되어야겠지요. 물론 꼭 그렇게 해야만 한다는 말이 아니에요. 그렇게 하지 않고 있다는 사실 자체가 남자 이성애자의 성욕을 특별취급하는 사회의 모습을 반영하고 있다고 말하고 싶은 것뿐입니다.

일본 사회에서는 남자 이성애자의 성욕과 이에 기반한 행동들이 특별하게 취급되고 있어요. 비단 일본뿐만 아니라 현재 대부분 사회가 그런 문화를 갖고 있지요.

이처럼 성욕 자체는 생리적 현상이지만, 성욕을 표현하는 성적 행동과 사회가 성욕을 취급하는 방법은 그 사회의 문화와 깊이 관련되어 있어요. 저는 여기서 일본 사회의 주류를 차지하는 남자 이성애자 중심의 성적 문화가 갖고 있는 문제점에 대해 살펴보려 해요.

일상생활을 파고드는
성차별 표현과 성폭력 표현

1990년대 무렵만 해도 아이들도 볼 수 있는 황금시간대에 방영되는 TV 코미디 프로그램에 여자가 가슴을 적나라하게 드러낸 장면이 나오기도 했어요. 그러한 장면들을 일종의 눈요기로 여기던 시절이었지요. 그나마 2000년대부터는 그런 장면을 볼 수 없게 된 것을 보면 우리 사회도 조금이나마 좋은 방향으로 발전하고 있는 것 같아요. 그러나 현재 오십 대 이상인 분들이 어렸을 때 TV에서 아무렇지도 않게 여자의 가슴 노출을 볼 수 있었던 셈이니까 의외로 꽤 최근까지 벌어졌던 일이랍니다.

또 그런 장면들이 완전히 사라진 것도 아니에요. 2018년 여름에 방송된 니혼테레비의 '24시간 텔레비전'이라는 프로그램에서는 여자 모델과 코미디언들이 위에는 티셔츠, 아래는 비키니 수영복 차림으로 엉덩이 씨름을 하는 모습을 보며 남자 탤런트가 "엉덩이가 아주 예쁘네요"라며 품평하는 장면이 나오기도 했어요.

2019년 1월 방영된 후지테레비의 '시무라켄의 바보 도련님'이라는 방송에서는 故 시무라 켄 씨가 연기하는 바보 도련님이 수영복을 입은 네 명의 여자를 요처럼 밑에 깔고 그 위에 엎드려 눕는 '사람 이불 콩트'가 나왔지요. 정말 두 눈으로 보고도 믿을 수 없는 시대착오적 방송이 아닐 수 없어요.

제가 이렇게 말하면 '코미디인데 뭐', '왜 이렇게 예민해'라며 비판하는 사람들도 있어요. 하지만 성폭력적 요소들을 코미디라는 이름으로 포장하는 것은 매우 위험한 생각이에요. 사람들이 성폭력을 가볍게 여길 우려가 있기 때문이에요.

한편, 기업이나 관공서의 광고나 포스터도 사람들의 인식에 큰 영향을 줍니다. 그래서 예전부터 여자와 남자를 잘못된 방식으로 표현한 광고들이 사회적 문제로 떠오르기도 했지요. 이런 문제 제기가 있었기 때문에 우리 사회의 인식이 수십 년 전과 비교하면 훨씬 성차별적이지 않은 방향으로 발전할 수 있었다고 생각해요.

그럼에도 불구하고 최근 성차별적 광고가 도마 위에 오르는 일이 있었어요.[27] 성차별적 문제가 되는 표현은 크게 두 가지로 나눌 수 있어요.

첫 번째는 여자의 몸을 성적으로 강조하여 일방적인 성적 대상으로 삼는 표현이에요. 여자 탤런트를 이용한 성적 표현으로 문제가 되었던 미야자키현의 관광 홍보 영상이나 성적 비유를 남발한 산토리의 알코올음료 광고가 대표적이지요.

두 번째는 남녀의 성 역할을 고정적으로 그리거나 남녀를 서로 다른 기준으로 평가하면서 남자보다 여자의 외모나 젊음을 중요시하는 젠더 차별 표현이에요. 직장 동료들이 모여 여자의 외모를 품평하는 장면으로 비판받았던 루미네와 시세이도의 광고가 해당해요.

특히 여자의 가슴이나 엉덩이를 극단적으로 강조한 그라비아 화보나 일러스트를 편의점이나 지하철 등 누구나 사용하는 공공장소에서 너무나 쉽게 볼 수 있다는 점이 마음에 걸리더라고요. 성인이 개인적인 공간에서 혼자 보면 아무 문제가 없지만 아이들도 다니는 공공장소에 그런 창작물이 버젓이 놓여 있다면 문제가 달라지지요.

실제 사람의 사진이 아닌 일러스트를 사용한 광고에서도 성차별적 표현을 해서는 안 돼요. 최근 지방자치단체 등의 공공기관들이 섹시한 캐릭터 일러스트를 활용한 광고를 제작해서 문제가 된 적이 있어요.

섹시한 캐릭터 일러스트가 나쁘다는 말이 아니에요. 사람들의 시선을 끌기 위해 내용과 상관없이 여자의 몸을 성적으로 강조해서 표현하고 남녀의 성 역할을 고정적으로 묘사하는 성차별적 표현이 잘못되었기에 비판을 받았던 것이지요. 하지만 일부 사람들이 '캐릭터라서 공격받는다'며 오해하고 광고를 비판한 사람들을 향해 분노를 쏟아내는 일도 종종 있어요.

공공기관에서 성을 표현할 때는 아이들이 성차별을 당연하게 여기거나 성폭력에 대해 잘못 이해하지 않도록 표현에 신중해야 합니다. 어른들이 이 점에 대한 책임감을 가지고 고민하는 사회가 진정으로 성숙한 사회라고 생각해요. 유감스럽게도 현재 일본은 아직 성숙한 사회라고 말할 수 없는 것 같아요. 나아가는 과정이기는 하지만 여러모로 부족한 현실 속에서 우리 아이들을 어떻게 키워야 할지 고민이 필요한 시점입니다.

싫어하는 표정을 성적 흥분으로 묘사하는 위험

여자를 성적 대상으로 그리는 창작물들이 스스로 원하지 않는 성행위를 하는 여자들을 표현하는 경우가 많다는 점도 제가 걱정하는 부분이에요. AV에도 '강간물', '치한물'처럼 성폭력을 묘사하는 영상이 하나의 장르로 형성되어 있지요. 이러한 장르는 대부분 시작은 강간이지만 결국 여자도 쾌감을 느끼고 흥분하기 시작한다는 내용을 담고 있어요.

또 어린아이를 대상으로 성행위를 하는 AV도 있어요. 섹스의 의미를 이해하지 못하는 아이들은 성적 관계에 대한 동의 자체가 불가능하므로 아이를 대상으로 한 성행위는 모두 성폭력에 해당합니다. 마음속으로 몰래 아이들에게 성욕을 품는 것은 개인의 자유지만, 성욕을 겉으로 드러내는 행위는 설사 피해자가 없다 하더라도 용인될 수 없어요.

성폭력을 테마로 한 창작물을 절대 만들면 안 된다거나 보면 안 된다는 이야기가 아니에요. 겉으로 드러내지 않는 한 성적 취향은 개인의 자유이고, 제작, 유통, 감상 등의 과정에서 타인의 인권을 침해하지 않고 때와 장소를 구분한다면 비판 대상이 아니라고 생각해요.

다만, 성교육을 제대로 받지 않아 성적 지식이 부족하고 성폭력이 무엇인지조차 모르는 아이들이 이러한 창작물을 접하지 못하도록 사회 전체가 배려하고 노력해야 함은 분명해요.

성인용 콘텐츠를 판매 혹은 진열할 때는 아이들의 눈에 띄지 않게 별도의 장소를 마련하는 것이 일반적이에요. 그런데 지금은 아이들도 볼 수 있는 콘텐츠에서도 얼굴은 어린아이인데 가슴과 엉덩이만 엄청나게 크게 묘사된 일러스트를 쉽게 볼 수 있지요. 심지어 소년만화잡지에도 이런 그림들이 자주 등장해요.

상대방이 성적 접촉을 싫어하고 있는 모습을 성적 흥분의 대상으로 그리는 표현, 즉 성폭력에 성적 기호를 부여하는 것이 왜 문제가 될까요? 바로 이러한 표현들이 성폭력을 경시하는 가치관 형성에 영향을 주기 때문이에요. 상대방이 싫어하는 모습을 야한 모습으로 향유하고 상대방이 괴로워하는 행위를 섹스의 한 방법이라고 여기는 것은 여자의 인격적 존엄을 고려하지 않기에 가능한 일이에요. 콘텐츠를 소비하는 사람은 자신에게 성적 흥분을 일으키는 창작물속 이물의 행위가 '폭력'이라는 사실조차 인식하지 못하겠지요. 이러한 콘텐츠를 통해 성폭력에 대한 인식까지 마비될까 봐 우려스러워요.

현실과 픽션을 구분하면 괜찮다고요?

물론 창작물을 보고 실제로 성폭력 가해자가 되는 사람은 매우 드물겠지요. 저는 '성차별적 창작물이나 성폭력적 창작물을 본 사람은 반드시 성범죄를 저지른다'라고 생각하지는 않아요. AV는 AV, 게임은 게임으로 현실과 구별하고 어디까지나 픽션으로서 소비하는 사람도 많지요. 개인의 성적 취향과 기호를 비난하고 싶은 마음은 전혀 없답니다.

다만, 우리 사회가 아이들에게 픽션과 엄연히 다른 현실의 성을 충분히 가르치지 않고 있는 점이 걱정이에요. 성적인 지식과 정보가 없는 상태에서 '현실과 픽션을 구분하면 문제없다'는 말이 과연 얼마나 설득력 있을지도 의문이고요. 픽션을 즐기는 사람 중에는 실제 현실을 모른 채 보는 사람도 있을 테니까요. 현실을 정확히 알아야만 픽션을 픽션으로 즐길 수 있어요. 그런데 제대로 된 성교육이 이루어지지 않고 있는 지금, 현실과 픽션을 제대로 구분할 수 있는 능력을 가진 사람이 얼마나 될까요?

실제로 무라세 유키히로 씨의 강의를 들었던 남학생 중에는 '강간이 섹스의 종류 중 하나라고 생각했다'고 말한 사람도 있었다고 해요. 아주 극단적인 예이기는 하지만, 사람들이 픽션을 보며 성폭력의 심각성을 가볍게 여기게 된 것은 분명합니다.

제가 기억하는 한 집단강간 사건에서는 가해자들이 '강간 목적으로 납치한 여자가 몸을 만져도 아무런 반응이 없고 성적으로 흥분하지 않는 것 같아 김이 빠졌다'라고 진술한 일도 있었어요. 그들은 강간당하는 상대방이 성적으로 흥분할 것이라 착각하고 있었던 것이지요. 그들이 무엇 때문에 그렇게 착각하게 되었는지는 정확히 밝혀내기 어렵지만, 과거에 접했던 창작물들로부터 영향을 받았으리라 짐작할 수 있어요. 남자들이 섹스할 때 여자의 얼굴에 정액을 뿌리거나 정액을 마시게 하는 것도 모두 AV에서 보고 배운 것이겠지요.

세상에는 수많은 성폭력 피해자와 성폭력을 두려워하는 사람들이 있어요. 그런 사람들이 성폭력을 묘사한 창작물을 보고 어떤 기분일지 조금이라도 생각한다면, 성폭력을 '야한 이야기'로 즐길 때는 때와 장소를 엄격히 가려야 한다고 생각해요. 그것이 최소한의 매너이자 도리니까요. 그런데 최근 SNS상에는 최소한의 매너조차 지키지 않는 사람들이 부쩍 늘고 있어요. 성폭력을 즐기는 콘텐츠를 소비하다 보니 감각이 마비된 탓이겠지요.

성폭력을 야하다고 느끼는 사람이 존재하는 것 자체는 어쩔 수 없는 일이에요. 하지만 성적 기호로의 성폭력을 어디에서 어떻게 소비할지는 우리 사회의 문화에 달려 있어요. 적어도 현실과 픽션을 구분할 수 없는 아이들 대상의 콘텐츠에서는 성폭력에 성적 기호를 넣지 않아야겠죠. 그것이 당연한 일이고 어른으로서 마땅히 지녀야 할 책임이기도 하니까요. 콘텐츠를 제작하는 사람이나 판매하는 사람은 사람들이 받는 영향이나 위험성을 자각하고 적극적으로 소비자의 주의를 환기하려 노력해야 합니다.

만약 우리 사회에서 성교육이 철저하게 이루어지고 모든 사람이 성폭력 피해가 얼마나 심각한지 잘 알고 있다면 이러한 창작물에 신경 쓸 필요도 없을 거예요. 하지만 지금 우리 사회는 아이들을 위한 성교육이 빈약할 뿐만 아니라 책임 있게 행동해야 할 어른들조차 제대로 된 성교육을 받지 못했어요. 대부분의 어른이 레이프 컬처에 물든 TV나 잡지 정보를 보고 섹스를 배웠지요.

아이들도 볼 수 있는 창작물들이 상대가 싫어하는 모습을 '야하다', '성적 흥분을 일으킨다'라고 묘사하는 것은 정말 큰 문제가 아닐 수 없어요. 아이들을 위한 콘텐츠를 만드는 사람들이 사회적 책임을 느끼고 다시 한 번 고민해주면 좋겠어요.

〈도라에몽〉 이슬이의 목욕 장면은 꼭 필요할까요?

아이들과 함께 아동용 애니메이션을 보다 보면 성차별적이거나 호모포비아(동성애혐오)적 표현이 아무렇지도 않게 등장해서 깜짝 놀랄 때가 있어요.

애니메이션이나 만화를 보면 여성스러운 말투를 쓰고 가녀린 체구에 힘이 없어 보이거나 여장을 하고 나오는 남자 캐릭터가 종종 등장해요. 우스꽝스러운 묘사에 아이들도 재밌어하고 때로는 그 모습을 흉내 내기도 하지요. 저는 이러한 장면이 성적소수자들에 대한 차별과 편견을 조장하고 있다고 생각해요.

2017년 후지테레비에서는 '호모오다호모오保毛尾田保毛男'라는 동성애자를 희화화한 캐릭터가 등장하는 프로그램이 방영되었어요.

90년대에 인기를 끌었던 방송을 리메이크한 프로그램이었지요. 이 프로그램은 방영 즉시 용납할 수 없는 차별 표현이라는 거센 비판을 받았고 방송사는 사과를 해야 했어요. 이삼십 년 전만 해도 미디어에서 성적지향이나 성별 정체성SOGI: Sexual Orientation, Gender Identity을 비웃거나 모욕하는 표현이 자주 등장했지만, 지금은 그런 표현을 절대 사용해서는 안 된다는 상식이 자리 잡았다는 사실을 확인시켜주는 사건이었지요.

이렇게 시대가 변했는데도 불구하고 아이들이 보는 애니메이션이나 만화에는 아직도 여성스러운 남자 캐릭터를 웃음거리로 삼는 장면이 꽤 자주 등장해요. 아들들이 그 장면을 보고 깔깔거리며 웃기에 제가 진지한 얼굴로 "엄마는 하나도 재미없어. 무척 무례한 표현이라고 생각해"라고 말해준 적도 있답니다.

또, 아동용 콘텐츠에 아무렇지도 않게 들어가 있는 성적 묘사가 신경 쓰일 때가 있어요. 〈도라에몽〉 애니메이션을 보면 진구가 이슬이의 목욕 장면이나 치마 속을 우연히 보거나 보일락말락한 상황에서 '럭키'라며 좋아하는 장면이 나와요. 이런 장면이 이야기 전개에 꼭 필요한 것도 아닌데 단순히 웃음을 주기 위한 장면으로 들어가는 것은 문제라고 생각해요.

의도치 않은 실수라고 하더라도 현실에서 누군가 내 속옷 차림이나 목욕 장면을 본다고 생각하면 기분이 나쁘고 불쾌하잖아요. 그런데 그 불쾌한 장면을 개그처럼 웃음을 주는 장면으로 사용하면 아이들이 성피해를 가볍게 여기게 될 수 있어요.

목욕하는 모습을 들켜버린 이슬이는 부끄러워 빨개진 얼굴로 진구를 밀어내며 '진구는 정말 너무해!'라며 화를 내지만 그걸로 끝이에요. 얼마 지나지 않아 진구와 이슬이가 함께 노는 장면이 등장하지요(심지어 어른이 된 후에 둘이 결혼까지 한답니다). '애니메이션이니까'라고 넘어가면 그만이지만, 저에게는 엄연히 성피해에 해당하는 '치마 속 엿보기'의 심각성을 축소하는 것으로밖에 보이지 않아요. 이런 장면들 때문에 '일부러 한 짓이 아니니까 괜찮아'라든가, '남자아이들은 원래 다 그래'라며 면죄부를 주는 일이 당연해질지도 몰라요. 콘텐츠를 만드는 어른들이 이 점까지 꼭 고려해줬으면 해요.

걱정스러운 장면이 등장한다고 해서 방송이나 만화를 아이들에게 아예 안 보여줄 수는 없는 노릇이에요(집에서 안 보여줘도 친구의 집에서 보기도 하니까). 그래서 저는 일반적인 TV 프로그램이나 아이들을 위한 콘텐츠라면 별다른 제한 없이 모두 보여주고 있어요. 하지만 함께 보다가 신경 쓰이는 장면이 나오면 그 장면이 왜 문제가 되는지 반드시 설명해줘요. 이런 과정을 통해 아이들이 스스로 생각하는 힘과 능력을 길러주고 있어요.

신경 쓰이는 장면이 나올 때마다 "저런 장면은 저렇게 웃어넘기면 안 되는 거야. 저런 장면을 웃음거리로 만드는 어른들이 정말 나쁜 거야. 실제로 저런 일이 있으면 여자아이들은 마음에 큰 상처를 입으니까 절대 하면 안 돼. 놀림거리로 삼아도 안 돼. 앞으로 어른이 될 너희들이 꼭 기억해주면 좋겠어"라고 말해주고 있어요.

분명히 또 누군가는 '그럼 〈루팡3세〉를 보면 도둑이 되고 싶고, 〈명탐정 코난〉을 보면 살인범이 되고 싶어지는 거냐'며 딴지를 걸지도 몰라요. 하지만 절도나 살인에 대한 사회적 인식은 성폭력과 전혀 달라요. 누구나 절도와 살인은 나쁜 짓이라고 생각하고 어떤 행위가 절도나 살인에 해당하는지 잘 알고 있어요. 그러므로 만화에서 물건을 훔치는 장면이 아무리 멋있게 나온다 한들 아이들이 '물건을 훔쳐도 괜찮은 거구나'라고 생각하지는 않아요.

이와 달리, 성폭력은 실제 성폭력을 야한 이야기쯤으로 여기며 피해자에게 '기분 좋았지?'라고 묻는 사람마저 있는 것이 현실이에요. 어떤 행위가 성폭력에 해당하는지에 대한 사회적 인식이 부족하고 어른들조차 명확히 알지 못하고 있지요. 당연히 아이들도 성폭력이 어떤 것인지 잘 모르고 있을 가능성이 매우 크고요. 그러므로 어른들은 성폭력에 대한 오해를 불러일으킬 수 있는 창작물을 아이들에게 보여줄 때는 각별한 주의를 기울여야 해요. 적어도 아이들을 위한 콘텐츠에서만큼은 성폭력에 '성적 기호'를 부여해서는 안 되요. 성폭력을 묘사할 때는 '성폭력으로서만' 다루어야 마땅해요.

성에 대한 아이들의 관심을 충족시키기 위한 표현이나 에피소드는 여러 가지가 있을 수 있어요. 수많은 선택지 중에서 굳이 여자아이가 의도치 않게 벗은 몸이나 치마 속을 다른 사람에게 들키는 장면을 성에 대한 관심을 충족하는 에피소드로 선택할 필요는 없지 않을까요. 충분히 다른 설정이나 장면으로 대체할 수 있는데도 남자 이성애자의 시선으로 여자가 동의하지 않은 성적인 모습을 넣는 것은 아주 제한적인 설정이지요. 도대체 왜 이러한 장면이 필요한 건지 제작자들에게 진심으로 물어보고 싶어요.

눈요기를 위해서라면 여자아이가 부끄러워하거나 싫어하는 모습이 아니라 주도적으로 성적 접촉에 관심을 보이거나 즐거움을 느끼는 장면을 넣으면 어떨까요? 이슬이가 스스로 성에 관심을 가지면 안 되는 이유라도 있나요? '그러면 환상이 깨지잖아'라고 말하는 사람도 있겠지요. 그런데 그 '환상'은 도대체 누구를 위한 누구의 환상인가요?

〈도라에몽〉은 저도 어렸을 적부터 참 좋아하던 애니메이션이에요. 극장판 시리즈도 전부 영화관에서 봤을 정도이고 지금도 아들들과 즐겨보고 있어요. 그런데 이렇게 좋아하는 작품 속에서 아이들에게 보여주기 꺼려지는 장면들을 발견할 때마다 우리 사회의 뿌리 깊은 여성 멸시 가치관이 느껴져서 마음이 아파요.

미디어에서 보이는 변화의 징조

1975년부터 1996년에 걸쳐 활동한 '행동하는 여자들의 모임'이라는 단체가 있어요. 유엔이 여자의 지위 향상을 목표로 1975년을 국제 여성의 해로 지정한 것을 계기로 설립된 단체로, 당시의 명칭은 '국제 여성의 해를 맞아 행동하는 여자들의 모임'이었어요.

이 단체는 여성차별에 관한 다양한 문제를 제기하고 미디어의 성차별 표현에 대해서도 적극적으로 개선을 요구하는 활동을 펼쳤어요. 이런 활동을 통해 실제로 여러 기업이 광고를 수정하기도 했답니다.

유명한 사례로는 1975년에 방영되었던 인스턴트라면 광고를 꼽을 수 있어요. '나(여자)는 만드는 사람, 나(남자)는 먹는 사람'이라는 광고 문구에 대해 단체가 고정적 성 역할 분담을 강조하는 문구라며 광고주인 하우스식품회사에 항의했고, 이 광고는 결국 다른 광고로 대체되었어요.

최근에도 비슷한 사건이 있었어요. 2018년 12월 25일에 발행된 잡지 〈주간SPA!〉에 '누구나 가능한 즉석 미팅 실황 중계'라는 제목의 특집 기사가 실렸어요. 이 기사에는 '잘 수 있는 여자 대학생 랭킹'이라는 코너가 있었는데, '잘 수 있는' 여자, 다시 말해 '섹스하기 쉬운' 여자 순위를 매기고 구체적인 대학 이름까지 소개했어요. 이 기사가 SNS를 통해 퍼져나가자 '여자를 우습게 생각한다', '나는 외모, 옷차림, 다니는 대학으로 성적 동의를 표시한 적 없다'라는 등의 거센 비판이 쇄도했어요. 인터넷상에서는 항의 서명 운동이 일어나기도 했죠.

하지만 이 사건이 놀라운 점은 따로 있어요. 항의 운동을 주도했던 여자 대학생들이 〈주간SPA!〉 편집부에 찾아가 항의의 취지를 전달하고 대화를 시도했거든요. 보도에 따르면 그 자리에서 편집부 측은 '잡지의 판매량만 생각하다 보니 이성이 마비되었던 것 같다. 편집부에도 여자가 있지만, 이 기사의 내용은 전혀 몰랐었기에 그대로 잡지에 실렸다', '우리에게 여자에 대한 잘못된 시각이 있었던 것은 사실이다. 깊이 반성한다'라고 말했다고 해요. 그 덕에 대학생 측은 '앞으로 성적 동의에 대한 특집 기사를 써주세요'라고 제안하는 등 매우 건설적인 대화가 이루어졌다고 해요.

성차별적인 표현을 지적해도 얼토당토않은 변명만 늘어놓으며 인정하지 않거나 표현의 자유를 침해한다며 오히려 화를 내는 경우도 많은데, 미디어가 자신들의 잘못을 솔직하게 인정하고 향후의 개선책까지 함께 의논한 점은 정말 고무적이라 할 수 있어요. 잘못된 점에 대해 당당히 목소리를 내면 미디어의 성차별적 표현도 얼마든지 바뀔 수 있다는 사실을 보여준 좋은 사례라고 생각해요.

이처럼 미디어의 표현에 문제가 있다면 반드시 목소리를 내야 해요. 그래야 바로잡을 수 있어요. 우리 아이들이 미디어를 통해 잘못된 성차별적 표현을 접하면서 성장해나가는 것이 바람직하지 않다고 생각한다면 어른들이 바로잡기 위해 나서야 합니다. 그래야만 아이들이 살아갈 사회가 지금보다 나은 방향으로 변화할 수 있어요.

고지마 게이코 씨가 말하는

엄마로서 아이들에게 무엇을 가르쳐야 할까요?

고지마 게이코

1972년에 태어나 대학 졸업 후 TBS 방송국에 아나운서로 입사했다. 1999년에는 갤럭시상 DJ 퍼스널리티 부문상을 수상했다. 2010년에 퇴사하고 배우, 칼럼니스트로 활약하고 있다. 저서로는 《해방된 엄마의 고민, 여자의 고민解縛―母の苦しみ、女の痛み》, 《행복한 결혼幸せな結婚》, 《호라이즌ホライズン》, 대담집 《괴롭힘이여 안녕さよなら！ハラスメント》 외 다수가 있다.

오오타 저희 부모님 세대만 해도 '아빠는 밖에서 일하고 엄마는 전업주부'라는 성별에 따른 역할이 분명하게 정해져 있었어요. 그래서 아들을 키울 때 남성성에서 자유롭게 키워야 한다는 생각을 전혀 못 했었던 것 같아요. 아들은 당연히 아빠처럼 밖에서 일하고 돈을 벌어와야 한다고만 여겼으니까요.

고지마 엄마들이 그런 성 역할에 전혀 의문을 품지 않았으니까요. 저는 젠더 문제를 논의할 때 '여자는 일방적인 피해자이고 남자는 가해자'라는 이분법적 생각에서 벗어나야 한다고 생각해요. 가부장 제도 아래 존재하던 성차별적 남성성·여성성을 규정짓는 밈(문화적 유전자)이 계속해서 이어질 수 있었던 데는 여자가 동조한 측면도 있으니까요.

여자들은 남자아이 육아를 통해 성차별적 밈을 다음 세대로 이동시키는 데 큰 역할을 했어요. 저희 부모님 세대의 엄마들은 아들들에게 '남자는 돈만 벌어오면 돼. 집안일은 전부 여자에게 맡겨'라고 가르쳤잖아요. 물론 아들이 잘되기를 바라는 마음이었고, 당시 엄마들은 그게 당연한 삶을 살아오셨으니 어쩔 수 없는 일이었겠지요.

어머니 세대를 생각하면 가슴이 아프지만, 우리 세대에서는 그러한 차별적 성 역할을 조금씩 없애 나가야지요.

오오타 저는 세대별로 주어진 과제가 있다고 생각해요. 우리 세대의 과제는 윗세대가 풀지 못한 성 역할의 저주를 풀어서 다음 세대를 자유롭게 만들어주는 것이 아닐까요. 그리고 그 과제를 완수하기 위한 가장 중요한 포인트는 남자아이 육아인 것 같아요.

고지마 정말 중요하지요.

오오타 과제를 완수하기 위해서는 예전 사람들이 하지 않았던 새로운 시도도 해야 하고, 윗세대 사람들이 해왔던 잘못된 일들을 끊어내는 일도 동시에 해야 하지요. 너무나 많은 일을 한꺼번에 해야 하니까 정신을 못 차리겠어요(웃음).

고지마 맞아요. 지금까지 아무렇지 않게 해왔던 일 중에서 그만두어야 할 일을 명확히 구분하는 것도 필요해요. 현재 남성학이 주목받는 이유도 지금까지 전혀 문제가 되지 않았던 일들이 젠더 시점으로 보면 심각하게 왜곡되어 있다는 사실을 인식했기 때문이라고 생각해요. 또 여자만 불합리함을 강요받았던 것이 아니라 남자들도 똑같이 불합리함을 강요받아왔다는 사실을 깨닫는 사람도 부쩍 늘었고요.

오오타 저도 그렇게 생각해요. 최근 1, 2년 사이에 그런 생각을 하는 사람이 급속도로 많아진 것 같아요. 변화의 물결이 밀려오는 것 같은 느낌이에요.

고지마 남자와 여자 중에 어느 쪽이 나쁘다고 편을 가르는 것이 아니라 우리에게 닥친 문제의 원인이 무엇인지를 정확히 인식하고 서로 공유해야 해요.

오오타 남녀의 공통된 적은 성차별 구조이지요. 성차별 구조와 맞서 싸우기 위해서는 남자와 여자가 힘을 합쳐야 하고요. 그런데 이상하게도 일부 남자들은 꼭 여자를 적대시하더라고요. 하지만 그런 사람의 오해를 풀기 위해 시간과 에너지를 들여봤자 노력에 비해 얻을 수 있는 것은 별로 없을 것 같아요. 방어는 최소한으로 하되 공격을 감수하면서 다음 세대 아이들의 교육에 더욱 힘을 쏟아야지요.

악의 없는 성차별

오오타 아이를 키우면서 신경 쓰였던 말이 있으신가요? 그 말을 듣고 고지마 씨는 어떻게 하셨나요?

고지마 저는 집에서 성차별적인 말을 하지 않으려고 항상 노력해요. 하지만 아이들이 유치원과 학교에 다니게 되면서 자연스럽게 편견에 물들기 시작하더라고요. 유치원 친구들과 '핑크는 여자아이들 색이니까 남자는 쓰면 안 돼'라는 말을 하기도 하고, 초등학교에 입학한 후에는 '아줌마'라는 말을 욕처럼 쓰기 시작했어요. 그러면서 '엄마는 아줌마 아니지?' 하고 묻기에 저는 속으로 '이때다!' 싶었지요(웃음).

오오타 하하하.

고지마 '엄마는 결혼도 했고 나이도 30대 후반이니까 엄마도 아줌마야. 그런데 아줌마라는 말은 사람의 상태를 가리키는 말이지 좋고 나쁨을 나타내는 말이 아니야. 너는 왜 아줌마라는 말이 나쁜 말이라고 생각해?', '나이가 드는 건 나쁜 일이 아니야. 그런데 아줌마라는 말을 욕처럼 쓰면 네가 나이 많은 여자를 나쁘다고 생각하는 것이나 마찬가지란다'라고 아들에게 설명했어요. 초등학교 1학년이 이해할 수 있는 말을 골라서 조곤조곤 이야기해주었답니다.

오오타 멋진 엄마네요.

고지마 중학생이 되면 또 다른 시기가 찾아와요. 여자의 성을 물건처럼 취급하는 가치관을 접하게 되거든요. 우리 아이가 다니던 학교에서 미술 시간에 사진이나 사물을 콜라주한 작품을 만드는 숙제가 있었어요. 그런데 첫째 아이가 친구와 함께 만들었다며 보여준 작품이 글쎄 사진 속 여자 가랑이 부분에 과녁 마크를 붙여놓은 것이었어요. 아들은 깔깔거리며 재밌어 했지만 저는 도저히 웃을 수가 없더라고요. 그래서 아들을 붙잡고 설명했지요. '엄마는 이걸 보고 웃을 수가 없어. 너희들이 여자의 몸을 물건처럼 취급하며 재밌어하는 것이 기분 나쁘고 무서워. 여자의 성기가 있는 곳에 과녁 마크를 붙이는 것이 어떤 의미인지 알고 있니? 그건 아주 폭력적이고 여자의 존엄을 해치는 표현이야'라고요.

오오타 아이들은 악의 없이도 그런 행동을 하니까요.

고지마 맞아요. 성차별적 편견은 순진하고 무의식적인 부분을 용케 찾아서 파고들지요. 그래서 정말 잠시도 방심할 수가 없다니까요.

오오타 또 성차별 표현에 대한 교육은 체계적으로 하기도 어려우니까요. 일상 속에서 맞닥트리는 표현이나 상황들을 주의 깊게 보고 있다가 그때마다 알려줄 수밖에 없지요. 항상 안테나를 세우고 있어야 하니까 금방 피곤해지더라고요.

고지마 지치지요(웃음). 하지만 해야 하니까 어쩔 수 없지요.

오오타 지쳐도 해야지요.

편견을 바로잡는 용기

고지마 저희 둘째 아들은 초등학교 고학년 때 처음으로 여자친구를 사귀었어요. 물론 소꿉놀이 비슷한 관계이기는 했지만요. 어쨌든 아들이 여자친구가 생겼다고 이야기하자 남편이 '아, 걔구나. 친구들 중에 제일 예쁜 애. 역시 우리 아들이 보는 눈이 있다니까'라는 어처구니없는 말을 하는 거예요.

오오타 아이고야(웃음).

고지마 어이가 없어서 말문이 다 막히더라고요. 여자를 외모로 평가하는 것도 모자라 제일 예쁜 애를 차지했다고 칭찬까지 하다니! 지금같이 중요한 시기에 아들에게 해로운 남성성을 주입하려 하다니! 제가 그날 남편에게 얼마나 화를 냈는지 몰라요(웃음). 그런데 남편은 자기가 뭘 잘못했는지 전혀 모르는 눈치더라고요.

오오타 아마 남자들 대부분이 '왜? 뭐 때문에 화를 내는 거야?'라고 생각할 거예요. 남자들은 그렇게 생각하는 게 당연하다고 여길 테니까요.

고지마 스스로 잘못된 생각을 바로잡지 못하는 이유는 아마도 자신의 부족한 점과 마주할 용기가 없어서라고 생각해요. 어렸을 때 차별과 편견을 깨닫고 고쳤던 경험이 있으면 그래도 괜찮은데 어른이 된 후에는 더 큰 용기가 필요하거든요. 그래서 다른 사람으로부터 지적을 받으면 부끄러워하거나 자기 정당화를 위해 오히려 화를 내는 사람도 있지요.

오오타 그런 사람이 꽤 많더라고요. 마치 자신의 인격 전부가 부정당하기라도 한 것처럼 극단적인 반응을 보이기도 해요. 차별이나 편견에 해당하는 행동만 고치면 되는 간단한 일인데 말이에요.

고지마 그런 반응을 보이는 사람은 자기 생각을 고치기 쉽지 않아요.

오오타 특히 성에 대한 편견을 지적하면 더욱 그렇게 느끼는 것 같아요. 왜 그렇게까지 민감하게 생각하는지 잘 모르겠지만요. 그래도 고지마 씨는 남편과 부딪히면서까지 계속 편견에 대해 지적하신 거잖아요. 정말 대단하다고 생각해요.

고지마 남편도 아주 조금씩이기는 해도 바뀌고 있다고 생각해요. 다만, 그 변화가 너무 느려서 최근에는 거의 포기상태예요. 저는 이제 남편에게서 아들들로 이어지는 연쇄를 끊는 데에 온 힘을 쏟고 있어요. 사실은 남편이 아들들에게 차별이나 편견에 대해서 알려줬으면 했어요. 자신이 갖고 있던 편견과 과거에 저질렀던 어리석은 행동들을 말해주면서 아들들이 같은 실수를 반복하지 않도록 가르쳐주면 좋겠다고 생각했거든요.

오오타 결국 남편 분도 자신의 부족한 점과 마주할 용기가 없으셨던 거네요.

고지마 그래서 앞으로는 아들들에게 아빠를 반면교사로 삼으라고 말해주려고요.

미디어에서 보이는 변화의 징조

오오타 조금 전에 아드님의 콜라주 작품 이야기가 나왔는데요. 오락이나 농담으로 포장되어 들어오는 성차별이나 성폭력 가치관은 어떻게 배제해야 할까요? 만화나 게임, TV의 코미디 프로그램이나 드라마에서 보이는 남자와 여자에 대한 묘사도 예전과 비교하면 많이 나아지기는 했지만, 여전히 성차별적 요소가 많이 남아 있잖아요.

고지마 여전히 뿌리 깊게 남아 있지요.

오오타 최근에는 후지테레비에서 방영된 '호모오다호모오' 프로그램에 대해 시청자들이 항의하고 성차별적 묘사가 등장하는 광고에 대한 문제 제기가 일어나는 등 목소리를 내는 사람도 많아진 것 같아요. 하지만 그로 인한 반발도 심해지고 있어서 마냥 낙관적으로 볼 수만은 없을 것 같아요.

고지마 연예계 중에서도 특히 코미디언들의 세계는 굉장히 마초적이라고 들었어요. 그나마 최근에 바비 씨나 와타나베 나오미 씨 같은 분들의 활약으로 조금씩 변하고 있지요. '못생긴 외모를 개그 소재로 삼기 싫다'고 주장한 여자 코미디언도 있었지요. 루키즘Lookism이나 섹시즘Sexism이 당연시되는 세계에서도 다른 가치관을 가진 세대가 등장하고 있다는 사실이 희망적인 것 같아요.

십수 년 전의 TV를 떠올려 보면 격세지감이 느껴지더라고요. 코미디언들은 업계의 규칙에 민감하면서 사회와 시청자의 목소리에도 빠르게 반응하지요. 영민한 사람일수록 빨리 궤도를 수정하고 이제라면 지금까지 말하지 못했던 것들도 말할 수 있다고 판단할 테고요. 실제로 최근에는 자신의 외모를 개그 소재로 삼던 여자 코미디언들이 그렇게 할 수밖에 없었던 업계의 암묵적인 강요를 또 다른 개그 소재로 삼기도 하더군요.

오오타 루키즘이나 섹시즘은 오래전부터 코미디 프로그램의 단골 소재였지요.

고지마 남자든 여자든 그런 소재를 개그에 사용한다는 것에 위화감을 느끼거나 그만두고 싶어 하는 사람도 많았을 거예요. 그러다가 지금이야말로 그만둘 수 있다는 생각에 조금씩 용기를 내는 상황이 아닐까 싶어요.

오오타 그런 분들을 응원해드리고 싶네요.

남자들이 스스로 남성성의 저주에 대해 말하는 것

고지마 여자들은 언제나 사회의 가장 가장자리 부분에 있었기 때문에 어떻게 말을 해야 자기 의견을 다른 사람에게 전달할 수 있을지를 궁리할 수밖에 없었어요. 그래서 더 확실하고 알기 쉽게 메시지를 전달할 수 있게 된 것 같아요. 성차별과 관련한 목소리를 처음 내기 시작한 것도 여자였지요. 최근에는 남자들도 성희롱이나 힘희롱을 없애야 한다는 데에 함께 목소리를 내주고 있어요. 앞으로도 남자들이 스스로 자신들이 느끼는 불안과 공포 또는 망설임을 말로 표현하는 게 중요하다고 생각해요.

오오타 감정의 언어화네요.

고지마 자신의 나약함을 드러낸 남자를 '계집애 같다'고 비난하는 사회를 바꾸기 위해서 가장 먼저 필요한 일은 주위 사람들이 비난을 멈추는 것이에요. 하지만 그보다 더 중요한 일은 그러한 비난이 남자에게 끼치는 영향을 남자들이 스스로 자기의 감정과 경험에 근거해서 말하는 것이에요. 여성성·남성성의 저주에 대해 여자들은 이미 몇십 년 전부터 사회를 향해 목소리를 내고 있지만, 남자들의 목소리는 아직 턱없이 부족하니까요.

오오타 나약함이나 불안을 드러내면 '남성성'에 위배된다고 생각해서 불안한 걸까요?

고지마 남자들이 불안해하는 데는 여자들의 책임도 있다고 생각해요. 약한 소리를 하는 남자를 보고 '한심하다'든가, '남자가 왜 저래'라고 말하는 여자도 많잖아요. 여자들이 성적 편견을 강화한 부분도 없다고 할 수 없어요. 여성성의 억압에서 벗어나고 싶다면 남자가 자신의 나약함을 드러냈을 때도 비난하지 말고 경청하고 인정해주어야 해요. 그러한 행동이 결과적으로 여자들의 삶에도 도움이 될 테니까요.

제가 '상냥한 엄마 죽이기'라는 표현을 쓴 적이 있는데요. 남자들은 자신을 옹호하면서도 억압하는 권력(엄마 혹은 사회)을 폭력적이지 않은 형태로 극복하고 자유로워지려고 노력해야 해요.

흔히 권력이라고 하면 아버지의 권력을 먼저 떠올리기 쉽지만, 사실 어머니에게도 절대적인 권력이 존재해요. 어머니들 권력의 특징은 '이게 다 널 위한 거야'라는 말로 포장되는 점이지요. '너를 위해서'라는 말로 포장된 억압과 저주에서 벗어나 자유로워지기 위한 노력이 바로 '엄마 죽이기'인 셈이지요. 노력하는 방법에는 여러 가지가 있을 수 있겠지만 폭력의 형태로 발현될 경우 진짜 사람이 죽을 수도 있어요. 그런 일을 막기 위해서라도 남자들이 자신의 감정을 말로 표현하고 다른 사람과의 공감과 연대를 통해 자유로워질 수 있도록 도와야 해요.

여자들은 아주 오래전부터 억압적인 엄마의 저주에 대한 경험을 이야기하고 분석하면서 자유로워지기 위해 노력해왔어요. 여자들이 오랜 경험을 통해 얻은 지혜를 남자들과 공유한다면 남녀가 함께 평화로운 미래로 나아갈 수 있으리라 생각해요.

적을 정확히 파악하고 올바르게 화내는 기술

오오타 확실히 여자는 자기의 나약함이나 불안을 공유하고 서로 연대하여 살아가는 사람이 비교적 많은 것 같아요. 아마 어렸을 때부터 그런 연습을 많이 하다 보니 자기도 모르게 단련된 덕분이겠지요. 또 여자는 남자보다 나약함이나 불안을 인정하고 다른 사람에게 드러내는 일에 저항을 적게 느끼지요. 타고난 성별 때문이 아니라 아무래도 남자보다 '강해져야 한다'는 억압을 적게 받기 때문인 것 같아요.

반면에 '나는 여자한테 인기가 없어'라든가, '사회에서 성공하지 못했어'라는 괴로움, 불안, 열등감을 느끼는 남자들은 자기들끼리 서로 연대하기 어려운 것 같아요. 자신의 나약함이나 불안을 인정하는 데에 대한 저항이 있달까요. 자신의 나약함과 마주하는 대신 여자에게 적개심을 품는 사람도 있지요. 이런 일을 막기 위해서는 남자들에게 '나약함을 드러내는 노하우'를 알려줄 필요가 있어요.

고지마 지금 말씀하신 내용은 '올바르게 화내는 기술'과도 연결할 수 있을 것 같아요. 자신이 누구에게 무엇 때문에 화가 나는지 정확히 알고 진짜 적을 파악하는 기술이지요. 진짜 적을 모르면 엄한 사람을 공격하게 되거든요. 남자가 자신의 진짜 적은 여자나 페미니스트가 아니라 나약함을 드러내는 남자를 실패자 취급하는 가부장적 가치관이라는 사실을 깨달았으면 좋겠어요.

저는 남자들이 이미 어렴풋이나마 알고 있다고 생각해요. 하지만 인정하기 힘들고 무서울 거예요. 왜냐하면, 사회에서 성공한 특권층 남자들과 가부장적 가치관으로 짜인 사회구조와 맞서 싸워봤자 승산이 없다고 생각하니까요. 그래서 자기보다 약한 여자에게 공격의 화살을 돌리게 되는 거지요. 본능적이고 반사적으로 그렇게 움직이게 되는 거예요.

오오타 자기도 모르게 그렇게 되는 거군요.

고지마 그렇기 때문에 더욱더 올바르게 화내는 기술이 필요해요. 저는 아들들에게 '분노와 증오가 느껴질 때는 적이 누구인지, 분노의 원인이 무엇인지 천천히 생각해보렴'이라고 항상 강조하고 있어요.

오오타 용기도 중요한 것 같아요. 자신보다 강한 존재에게 분노할 수 있는 용기요.

고지마 그렇죠. 저는 아들들에게 '용기란 자신의 나약함에 대해 생각하는 일, 세상에서 가장 하기 싫은 일을 할 수 있는 힘'이라고 말해요. 용기는 자신의 나약함과 마주하는 힘이자 지속적으로 생각하는 힘이며 위기관리능력이기도 하지요. 예를 들어 쓰나미가 올지도 모르는 상황에서 방파제를 만들거나 대피할 수 있는 높은 지대를 찾아두는 행동은 용기이지만, '쓰나미가 와도 정신만 바짝 차리면 괜찮아!'라는 생각은 허세에 불과해요.

나약함과 마주한다는 것은 자신을 탓하는 것이 아니라 자신이 어떤 부분에 약한지, 같은 실수를 반복하지 않으려면 어떻게 해야 하는지 고민하는 것을 의미해요. 생각을 거듭할수록 용기도 더 커지지요.

소박한 감동과 상대방에 대한 존경

오오타 호주 학교에서는 성교육을 어떻게 하나요?

고지마 호주도 원래 굉장히 마초적인 문화를 가지고 있는 나라예요. 가정폭력도 많이 일어나고요. 하지만 이런 문화를 바로잡기 위해 '남자아이의 폭력성을 방치하면 가정폭력으로 이어진다'는 내용의 공익광고를 만드는 등, 성에 대한 고정관념을 없애기 위해 다양한 노력을 기울이고 있어요.

초등학교를 졸업할 때는 남녀에게 각각 '앞으로 너희들의 몸에서 일어날 변화'라는 책자를 나누어줘요. 사춘기에 겪게 될 신체의 변화와 도움이 필요할 때 연락할 수 있는 상담창구 등이 자세히 적혀 있어요. 중학교부터는 본격적인 성교육이 시작돼요. 외부 강사를 학교로 초청해서 콘돔을 착용하는 방법과 성감염증, 월경 등에 대해 구체적으로 알려줘요. 어느 날은 첫째 아들이 성교육을 듣고 와서 '엄마, 탐폰이 뭔지 알아?'라고 묻더라고요. 갑작스러운 질문에 당황했지만 애써 아무렇지도 않은 척하며 '그럼, 알고 있지. 엄마도 쓰고 있는 걸'이라고 대답했던 기억이 나요(웃음).

오오타 태연하게 대답하는 것이 가장 중요하지요.

고지마 제가 대답해주니까 아들이 학교에서 배운 것들을 신나게 이야기하기 시작하더라고요. 저는 들으면서 '우와, 굉장하다! 정말 잘 아는구나!'라며 계속 맞장구를 쳐줬지요. 아들은 성교육에서 배운 내용을 전부 신기하게 생각하는 것 같았어요.

오오타 '이런 것도 가능하구나!'라는 사실이 아이들에게는 소박한 감동이 될 수도 있을 것 같아요(웃음).

고지마 정말 감동한 것 같았어요. 탐폰만 하면 수영도 할 수 있고 온

천도 갈 수 있다니까 정말 대단한 발명품이라고 생각하는 것 같더라고요(웃음). 몰랐던 사실을 배운 뒤에 누군가에게 이야기해주고 싶은 마음에는 대상에 대한 존경의 의미가 포함되어 있다고 생각해요. 아이들이 감동과 존경의 마음을 느끼게 하는 성교육을 받을 수 있다니 정말 감사한 마음이 들었어요.

올바른 성교육 덕분에 여자아이들이 학교에서 '오늘 생리 중이라 배가 아파서 체육 수업시간에는 좀 쉴게'라고 아무렇지도 않게 말할 수 있고 남자아이들도 그걸로 놀리거나 하지 않는다고 하더라고요.

오오타 정말 말 그대로 생리적인 현상일 뿐인 거네요.

고지마 그저 생리현상에 불과한데 숨기려고 애쓰다 보니 오히려 야하다고 느끼게 된 것은 아닐까 하는 생각이 들었어요. 자기 몸에 대해 말하는 것뿐인데 왜 남자가 여자에게 품는 환상까지 배려해야 하는 건지 모르겠어요.

오오타 만화가 다부사 에이코 씨의 책《엄마도 사람이야ママだって、人間》(한국 미출간)를 보면 음부를 씻는 방법이 나오는데 '왜 모두 음부 얘기만 나오면 조심스러워질까'라는 말이 나오더라고요. 출산 전에 듣는 엄마 교실 같은 곳에서 아기 목욕 방법을 설명할 때도 남자아이의 성기는 아무렇지도 않게 웃으면서 명칭을 말하는데 여자아이의 성기는 엄마들만 있는 곳인

데도 말하면 안 되는 것이라도 되는 것처럼 갑자기 목소리를 낮추고 말한다는 거지요. 현실을 정말 정확하게 나타내고 있는 것 같아서 감탄했어요.

고지마 여자 성기 자체를 부끄러워하고 터부시하는 생각과 함께 성적인 표현이 여자에 대한 공격으로 이어질 수 있는 사회적 분위기 때문에 그렇게 된 게 아닐까 싶어요. 저희 어머니도 본인의 생리마저 무척 부끄러워하며 쉬쉬하셨던 기억이 나네요.

오오타 이것도 사회 시선의 내면화라고 할 수 있겠네요. 사회가 멋대로 여자들의 성기와 생리현상에 외설적인 의미를 부여하고 여자들은 그것을 내면화하는 거지요.

고지마 제가 처음 생리를 시작했을 때도 저희 어머니는 '이제 어디 가서 나쁜 짓은 못 하겠구나'라고 말씀하셨어요. 축하의 말은 한마디도 없었지요. 그때 어떤 말을 듣느냐에 따라 자기 몸에 대한 생각이 달라질 수도 있는 건데 정말 너무하셨던 것 같아요. 남자아이들도 마찬가지예요. 남자아이가 처음으로 자기 성기에 관심을 보였을 때 부모가 어떤 태도를 보이는지에 따라 아이들의 생각이 달라질 수 있어요. 부모는 아이가 자신과 타인의 몸을 존중할 수 있도록 가르쳐야만 해요. 제가 아이들에게 항상 강조하는 점이기도 해요.

오오타 아이들의 질문에 어떻게 대답하는지도 정말 중요한 것 같아요. 쓸데없이 부끄러워하지 말고 저녁 메뉴를 정할 때처럼 의연한 태도를 보여줘야 하지요. 저도 항상 그러려고 노력 중이랍니다.

고지마 아무렇지 않으면서도 진지하게 대답해줘야 해요. 정말 중요한 것을 알려준다는 태도로요. 특히 엄마가 아들들과 함께 목욕하면서 알려주면 더욱 효과적인 성교육이 되리라 생각해요.

감정의 언어화 능력 부족과 모성의 지배

오오타 아빠들이 남자아이 성교육에 적극적으로 나서주면 좋을 텐데 그렇지 않아서 불만이라는 엄마도 많더라고요.

고지마 저도 남편한테 기대를 많이 했었는데 잘 안 되더군요. 성교육은 말이 아니라 비언어적 태도나 행동으로 보여주는 것도 중요하잖아요. 그런 면에서 아빠는 남자아이들에게 가장 가까운 롤모델이기도 하니까 남편이 이상적인 롤모델로서 행동해주었으면 했는데 쉽지 않았어요.

흔히 아빠들은 함께 캐치볼을 하거나 남자다운 행동을 가르치면 아빠의 역할을 다하는 것으로 생각해요. 하지만 자신의 나약함과 마주하는 법, 괴로울 때나 실패했을 때, 고독과 욕망을 견디기 힘들 때 어떻게 해야 하는지를 가르치는 것도 아빠의 역할이에요. 저는 남편이 같은 성별의 어른으로서 아들들에게 이러한 것들을 가르쳐주기를 바랐어요. 자신의 불완전함을 보여주면서 끊임없이 고민하는 모습을 보여줬으면 했지요. 하지만 남편은 '내가 자신 있게 말할 수 있을 정도로 잘 알아야 가르치지'라며 주저하더라고요. 그때까지 기다리면 너무 늦을 게 뻔한데 말이에요!

오오타 하하하. 아마 아빠들도 윗세대로부터 그런 것들을 배운 경험이 없어서 어떻게 하면 좋을지 모르는 것 아닐까요?

많은 남자가 외로움이나 불안을 느껴도 말로 표현하지 못한 채 마음속에 삭히고만 있을지도 몰라요. 남성학을 연구하는 다나카 도시유키 교수가 고지마 씨와 함께 쓴 책[28]을 보면 '상하 관계에서 위에 위치한 사람들은 상대방의 이야기를 잘 듣지 않아도 괜찮다'는 말이 나오더라고요. 권력을 가진 윗사람은 자신의 의사를 굳이 말로 표현할 필요가 없지요. 말하지 않아도 상대방이 다 알아서 움직여주니까요.

고지마 저희 남편은 장남인데요. 어머님과 할머님이 남편을 굉장히 애지중지하셨다고 해요. 그러다 보니 남편은 굳이 자기가 필요한 것을 말하지 않아도 언제나 주위에 모든 것이 갖추어져 있는 환경에서 자랐어요. 남편과 대화를 하다 보면 답답할 때가 있거든요. 예를 들어 남편이 제게 '커피 마실래, 차 마실래?'라고 물어서 제가 '나는 커피!'라고 대답하면 남편은 꼭

'알았어. 그런데 차 안 마실래?'라고 되물어요. '아니 내가 방금 커피라고 말했잖아!'라고 외치고 싶어진다니까요(웃음).

오오타 대화가 안 되네요(웃음).

고지마 또는 제가 '고마운데 나는 됐어'라고 대답하면, '그래? 그런데 정말 안 마실 거야?'라고 꼭 다시 물어봐요. 도대체 왜 그러는지 정말 이해가 안 가더라고요. 그런데 곰곰이 생각해보니 아마도 어머님이나 할머님이 남편에게 이렇게 말했던 것이 아닐까 하는 생각이 들었어요. 상대방에게 선택권을 준 것처럼 보이지만 사실은 정해진 답으로 유도하는 거예요. 심지어 무척 친절한 척하면서요. 남편은 그런 대화 패턴에 익숙해져서 무의식적으로 제게도 그렇게 하는 것 같아요.

남자들이 자신의 감정을 말로 표현하지 못하는 원인도 똑같을 것예요. 스스로 감정을 언어화하기 전에 주위에서 먼저 '너 지금 슬프구나'라고 지레짐작해버렸기 때문이겠지요. 그 짐작은 진짜 느꼈던 감정과 다를 수 있는데 말이에요. 질투라든가 미움처럼 부정적인 감정을 느꼈을 때도 '너는 착한 아이니까 그런 생각은 안 하지?'라는 말을 들으면, '응, 난 착한 아이니까 괜찮아'라며 감정을 숨겨버리게 되는 거예요. 자신의 감정을 제대로 인식하지 못하니까 다른 사람이 '어떻게 생각해?'라고 물어도 할 말이 없는 거고요.

오오타 언어화 기회를 빼앗겨버린 셈이네요.

고지마 저는 그러한 행동도 폭력과 마찬가지라고 생각해요. 모성이라는 이름으로 포장된 강력한 지배이기도 하고요. 상대방이 생각할 기회를 빼앗는 것은 가장 효과적인 지배수단이니까요.

엄마가 자신의 욕망을 솔직히 말한다는 것

오오타 무언가와 부딪칠 기회조차 빼앗아버림으로써 성장을 방해하는 거네요. 저도 아들을 키우다 보면 제가 알아서 먼저 해주고 싶은 충동을 느낄 때가 종종 있어요. 그때마다 '안 돼, 참아야 해' 하면서 마음을 다스리려 노력하지요. 잘 참고 있는지는 의문이지만요.

고지마 저도 그럴 때가 있어요. 하지만 아이들이 성장하면 반대로 제 마음을 꿰뚫어보기도 하더라고요. 예전에 가족과 호주의 태즈메이니아 섬에 있는 크레들마운틴이라는 곳에 놀러 간 적이 있어요. 도착해서 호수를 보러 갈지 웜뱃이 있는 초원에 갈지 정하다가 아들이 '엄마는 어디에 가고 싶어?'라고 묻기에 '엄마는 둘 다 좋아. 너희가 호수에 가고 싶으면 호수에 가자'라고 대답했거든요. 사실 속으로는 웜뱃이 더 보고 싶었는데요(웃음).

오오타 하하하.

고지마 결국 날씨 때문에 호수에는 갈 수 없어서 웜뱃을 보러 초원에 갔어요. 그런데 돌아오는 버스 안에서 둘째 아들이 이렇게 말하더군요. '엄마는 둘 다 좋다고 했지만 사실 웜뱃이 보고 싶었지? 왜 솔직히 말하지 않고 우리한테 정하라고 한 거야? 너무해'라고요.

오오타 우와!

고지마 저도 그 말을 듣고 아이들이 정말 많이 컸구나 싶었어요. 그리고 그때 이런 생각도 했어요. 제가 만에 하나 남편과 이혼을 하게 되면 아들들에게 솔직히 이유를 말해줘야겠다는 생각이요. '너희를 위해서'라는 뻔한 거짓말은 필요 없을 것 같더라고요.

오오타 만약 그렇게 말한다 해도 아이들은 그 말이 사실이 아니라는 것을 알아채겠죠.

고지마 맞아요. 아이들은 말로 하지 않아도 부모의 모습을 전부 보고 있으니까요.

변호사님은 아들들 앞에서 자신의 욕망을 표현한 적이 있으세요? 아이들과 자신이 원하는 것이 다를 때 '엄마는 이쪽이 좋아'라고 확실하게 말한 적 있으세요?

오오타 저는 원래 다른 사람과 부딪히는 것을 싫어해서 제가 원하는 것이 있어도 참을 때가 많아요. 남녀관계에서는 여자의 이런 태도가 남자를 망친다고 하더라고요. 그 말을 듣고 저도 아들들을 망치지 않기 위해 '엄마는 이게 더 좋아'라고 분명하게 말하려고 노력 중이에요.

고지마 그렇군요. 저도 좀 본받아야겠네요. 엄마가 자신의 욕망을 정확하게 말하는 것도 남자아이를 키울 때 중요한 일이라고 생각해요. 이것은 지배와는 달라요. 지배는 자신의 욕망을 숨긴 채 상대방을 자기 마음대로 통제하는 것이잖아요. 반면에 엄마가 자신의 욕망을 말한다는 것은 '너는 과자를 먹고 싶구나. 그런데 엄마는 케이크가 먹고 싶어. 어떻게 하면 좋을까?'라고 물어보는 거예요. 아이에게 '어떻게 할까?'라는 질문을 던짐으로써 대화의 기회를 제공하는 것이지요. 또 자신의 욕망을 있는 그대로 표현하는 여자를 보며 성장하는 것은 아들에게 최고의 공부가 되리라 생각해요. 제 올해 목표가 제가 원하는 것을 아들에게 거리낌 없이 말하기예요(웃음).

오오타 아하하하.

고지마 아직도 미디어들은 여자가 남자의 의견에 동조하지 않고 자신의 의견을 피력하는 모습을 예민하다든가, 집요하다고 묘사할 때가 많지요. 자기 의사를 정확히 표현하는 여자의 모습에 익숙하지 않기 때문이라고 생각해요. 다시 말해, 여자들이 솔선수범해서 그런 모습을 많이 보여주면 점점 익숙해지지 않을까요?

오오타 적어도 우리 아들들은 잘 단련될 것 같네요(웃음).

남자를 위한 인터넷 사용법 교육

오오타 고지마 씨의 아들들은 슬슬 인터넷을 사용하기 시작할 나이지요? 고지마 씨의 SNS에 달리는 악플들이나 고지마 씨를 향한 인터넷상에서의 비방에 대해서도 알고 있나요?

고지마 아들들이 스마트폰을 사용하기 시작할 무렵부터 저에 대한 부정적인 정보가 인터넷에 많이 돌아다니고 있다는 사실을 알려줬어요. '그런 글을 보면 너희가 충격을 받을 수도 있고 친구들로부터 안 좋은 소리를 듣게 될지도 몰라. 하지만 그것은 엄마가 하는 일의 특성상 어쩔 수 없는 부분이니까 너무 심각하게 생각하지 않아도 돼. 혹시 인터넷에 있는 내용이 정말 사실인지 궁금하면 언제든지 엄마한테 물어보렴'이라고 말해줬지요.

오오타 역시 대단하세요.

고지마 '혹시 누군가를 비난하는 글을 인터넷에서 보게 되면 그대로 믿지 말고 항상 의심해봐야 해'라고도 당부했지요.

오오타 정말 멋진 엄마네요.

고지마 또 '엄마에 대해 나쁘게 쓴 글을 보면, 그 글을 쓴 사람은 왜 한 번도 만난 적 없는 사람을 비난하는지 그 동기가 무엇인지 생각해보면 좋겠어'라는 말도 했어요.

저는 예전에 그라비아 화보를 낸 적이 있어서 아들들이 인터넷에서 그 사진을 볼 수도 있고 저에 대한 비판을 볼지도 몰라요. 하지만 제가 화보를 찍었던 이유는 여자의 몸이 남자의 욕망을 위해 존재하는 것이 아니라는 사실을 주장하고 싶어서였어요. 여자의 수영복 차림을 무조건 성적 의미로 받아들이는 것은 이상한 생각이잖아요. 수영할 때 원피스를 입을지 비키니를 입을지는 순전히 본인의 마음이지요. 꼭 좋은 몸매여야 할 필요도 없는 거고요.

오오타 자기 결정이지요.

고지마 호주에서는 할머니들도 비키니를 많이 입거든요. 아들들에게는 내가 입고 싶은 옷을 입고 내가 원하는 사진을 찍어서 책을 냄으로써 루키즘과 에이지즘에 빠져 있고 여성의 상품화를 당연하게 여기는 우리 사회에 이의를 제기하고 싶었다고 설명했어요.

오오타 아들들에게 정말 좋은 교육이 되었으리라 생각해요. 우리 아들도 언젠가 스마트폰을 사용하게 되면 여러 가지 정보를 접하게 되겠지요. 그때가 되면 저도 고지마 씨처럼 아들들에게 올바른 인터넷 사용법에 대해 설명해주고 싶네요.

유흥업소에 가는 남자보다 화장실에서 우는 남자가 멋지다

오오타 고지마 씨의 책에서 아들이 유흥업소에 가지 않는 남자가 되었으면 좋겠다고 쓴 내용을 봤어요. 저도 제 아들들이 그런 곳에 가지 않았으면 하거든요. 현재 문제가 되고 있는 유흥업소 종사자들의 안전이나 권리 보장과 더불어 유흥업소를 이용하는 행위의 의미를 아들들이 생각해봤으면 해요. 물론 아예 이용하지 않으면 더 좋겠지요. 돈만 내면 여자의 몸을 마음대로 할 수 있다는 생각 자체가 여자를 존중하지 않는다는 증거니까요.

고지마 '불륜과 유흥업소는 별개'라고 말하는 사람도 있지만, 불륜이냐 아니냐는 문제가 아니라고 생각해요. 실제로 유흥업소를 매개로 인신매매와 여성 착취가 일어나고 있을 뿐만 아니라 그곳에서 일하는 여자들은 안전도 보장되지 않는 열악한 환경에 놓여 있거든요. 따라서 업소에 돈을 내면 여자를 성적으로 착취하는 구조에 가담하는 셈이지요. 설사 여자가 자신의 의지로 그곳에서 일한다고 하더라도 말이에요.

오오타 아직도 일부 회사들에는 상사나 동료와 함께 업소에 가서 남자들끼리의 비밀을 공유하고 유대를 강화하는 문화가 남아 있는 것 같더라고요.

고지마 네, 그렇다고 들었어요. 업소에 가는 것을 조직의 통과의례처럼 여기는 곳도 있고, 심지어 관공서에는 아직 이러한 문화가 남아 있다고 들었어요. 제가 아는 사람은 유흥업소에 가자는 권유를 거절한 직후부터 직장에서 괴롭힘을 당하기 시작했다고 해요. 너무 괴로워서 화장실에서 운 적도 있다고 하더라고요.

오오타 너무하네요. 그것도 엄연한 성희롱이자 힘희롱인데 말이에요. 하지만 그분처럼 거절하는 남자가 있다는 사실은 희망적이네요. 저희 아들도 그런 상황에서 동조압력에 굴하지 않고 당당하게 거절할 수 있는 어른이 되면 좋겠어요.

고지마 저도 그렇게 생각해요. 아들에게 거절하는 사람이 훨씬 멋있는 사람이라고 말해주고 싶어요. 비록 괴롭힘 때문에 화장실에서 울게 되더라도.

오오타 유흥업소에 가는 남자보다 화장실에서 우는 남자가 훨씬 멋질 뿐만 아니라 앞으로의 시대에 맞는 이상적 남성상이지요. 그런데 길거리를 걷다 보면 유흥업소 광고가 너무 많아서 이러다가 문득 가보고 싶어질 수도 있겠다는 생각이 들어요.

고지마 TV 프로그램에서도 유흥업소에 대한 이야기가 아무렇지도 않게 나오잖아요. 저는 그 모습이 정말 이상하다고 생각해요. 아는 남자들에게 '왜 유흥업소에 가는 거야?'고 물어본 적이 있는데 대부분 이유를 생각해본 적이 없다고 하더라고요. 그저 '오늘은 얼마나 귀여운 여자가 나오려나'라는 생각만 하고 가서 예쁜 여자가 나오면 '앗싸!'라며 좋아하고, 별로 마음에 들지 않으면 '쯧, 돈 아깝네'라며 혀를 차고 끝인 거예요. 심지어 유흥업소의 여자를 사람이라고 생각해본 적 없다고 말한 사람도 있었어요.

오오타 그야말로 상품으로밖에 생각하지 않는 거네요.

고지마 화면 속도 아니고 실제로 몸을 만지고 성행위를 하는 상대를 상품으로 취급할 수 있다니 저는 도저히 이해할 수가 없더라고요. '유흥업소에 가도 내 가족만 소중히 생각하면 괜찮아'라는 말에도 동의할 수 없어요. '상품으로 여겨도 좋은 여자'와 '존중해야 하는 여자'를 나누는 것 자체가 해서는 안 될 일이라고 생각하니까요. 만일 함께 사는 가족이 그런 행동을 한다면 용서하지 못할 것 같아요.

포르노 콘텐츠와 마주하는 법

오오타 아들들이 여자를 상품으로 취급하는 어른으로 성장하지 않도록 교육에 힘쓰고는 있지만, 주변의 영향에서 완전히 자유로울 수 없잖아요. 남자가 잘못된 가치관을 갖게 되는 가장 큰 원인은 역시 만화 등의 창작물이라고 생각해요. 그런데 제가 SNS에서 이런 말을 하면 꼭 엄청난 비난이 쏟아지더라고요.

고지마 여전히 많은 만화에서 성차별적 장면을 유머러스하게 표현하고 있지요. 그런 장면들이 웃음을 주고 분위기를 부드럽게 만든다고 생각하는 것 같아요.

오오타 저는 그런 장면이 나올 때마다 아들에게 일일이 설명해요. 신경 쓰이는 장면이 등장한다고 해서 애니메이션이나 만화를 아예 안 보여줄 수도 없는 노릇이니까요. 그럴 바에야 함께 보면서 잘못된 부분이 나오면 말해줘야겠다고 생각했거든요(웃음). 나중에는 너무 말을 많이 해서 지치더라고요. 포르노도 아예 보지 말라고는 못 하겠지만, 강간물이나 치한물처럼 성폭력을 긍정적으로 묘사한 콘텐츠는 스스로 분별할 수 있는 능력을 갖출 때까지 보지 않았으면 좋겠어요. 성적 표현 자체는 나쁘다고 생각하지 않지만, 성폭력을 즐기는 것은 바람직하지 않으니까요.

고지마 저는 아들들에게 인터넷 사용법을 알려줄 때 성적 콘텐츠에 대해서도 함께 설명해줬어요. 우선, 콘텐츠에 나오는 섹스는 기본적으로 판타지라는 점을 설명하고 그 영상이 어떤 과정을 거쳐 만들어지는지에 대해 생각해봤으면 한다고 당부했어요. 강간처럼 보이도록 연기하는 콘텐츠도 있지만, 실제로 거짓말에 속아서 성행위를 강요당하는 여자도 있고, 그 때문에 자살하는 사람도 있다는 사실도 알려줬어요. 또 잘못된 과정을 거쳐 만들어진 영상은 절대로 소비하거나 확산시키면 안 된다고 강조했어요.

일본의 AV 업계에서도 여자를 협박하거나 속여서 강제로 출연시킨 작품들이 문제가 된 적이 있어요. 학대나 빈곤으로 어쩔 수 없이 AV에 출연할 수밖에 없었던 여자들도 있겠지요. 그렇게 만들어진 영상을 소비하는 것은 여성 착취와 폭력에 가담하는 것이나 마찬가지라는 사실을 아이들이 알았으면 좋겠어요.

친구 집에 놀러 갈 때도 언제나 신신당부해요. 요즘에는 여자 친구의 알몸 사진을 찍어서 친구들끼리 돌려 보기도 한다고 하더라고요.

오오타 그런 행동들이 모두 폭력이라는 사실을 깨달아야 할 텐데요. 친구의 잘못된 행동을 지적하거나 친구들과 다른 의견을 말하기 위해서는 큰 용기가 필요하잖아요. 대부분의 평범한 아이들은 친구들이 잘못된 행동을 해도 분위기를 망칠까 봐 주저하거나 따돌림 당할지도 모른다는 두려움 때문에 차마 말을 꺼낼 수 없을 것 같아요.

고지마 그런 상황이라면 누구나 두려울 거예요. 특히 남자아이들 집단은 동조압력이 높으니까요. 다만, 그 자리에서 아무 말을 하지 못하더라도 엄마가 했던 말들을 떠올렸으면 해요. 의식하면서 영상을 소비하는 것과 아무것도 모르는 상태에서 소비하는 것은 전혀 다른 결과를 가져올 테니까요.

오오타 잘못된 행동이라는 사실을 알기만 해도 충분히 의미가 있다는 말씀이시군요. 부모의 역할이 중요하겠네요.

남자는 성욕을 착취당하고 있다

고지마 흔히 남자의 성욕은 통제할 수 없다고들 하잖아요. 하지만 저는 아들들에게 '엄마는 페니스가 없어서 실제로 경험해보지는 못했지만, 남자의 성욕을 통제할 수 없다는 말은 다 거짓말이야'라고 항상 강조해요.

오오타 남자들은 꼭 불리해질 때만 저런 말을 하더라고요.

고지마 세상에는 사람의 욕망을 상품화해서 돈을 버는 사람들이 존재해요. 성욕은 특히 그 대상이 되기 쉽지요. 그들은 달콤한 목소리로 '당신의 욕망은 통제할 수 없어요. 돈을 내면 충족시켜드릴게요'라고 속삭이지요. 결국 남자들의 성욕도 돈을 벌기 위한 착취의 대상이 되고 있는 셈이에요.

오오타 남자들에게도 존엄이 걸려 있는 문제라고 할 수 있겠네요.

고지마 남자들을 착각에 빠지게 만들고 남자들의 성욕을 부추겨서 착취하고 있는 거예요. 여자가 주로 소비 당하는 입장이라면, 남자는 소비하는 입장으로서 상품화되고 있는 거지요.

오오타 '이걸 보고 흥분해라'라며 콘텐츠를 던져주고 남자들의 돈을 빨아들이고 있는 거군요. 저는 교복처럼 미성년자를 암시하는 것에 성적 기호를 부여하거나 강간이나 치한과 같은 성폭력적 묘사를 오락으로 여기는 콘텐츠가 많다는 점이 가장 걱정스러워요. 성교육을 제대로 받지 못한 상태에서 그런 콘텐츠를 접하면 성폭력을 성적 행위의 일종이라고 생각하게 될까 봐 걱정스러워요.

고지마 그러한 콘텐츠의 배경에는 여성 혐오가 자리 잡고 있어요. 남자아이들을 위한 성교육은 가해자가 되지 않도록 가르치는 것도 중요하지만 여성 혐오자들이 상품화한 남자의 욕망을 분별할 수 있는 능력을 기를 수 있게 도와줘야 한다고 생각해요.

다음 세대에 거는 기대

오오타 지금까지 여러 가지 이야기를 나눴는데요. 역시 결론은 다음 세대 아이들이 살기 좋은 세상을 만들기 위해 노력해야 한다는 거네요.

고지마 제일 중요한 일이지요. 얼마 전에 쇼와여자대학교에서 '여자 아나운서가 되는 것은 여자의 성공인가?'라는 주제로 강연을 했는데 남자 중학생이 세 명이나 강연을 들으러 왔더라고요.

선생님한테 억지로 끌려온 것도 아니고 스스로 강연을 듣고 싶어서 신청했다면서요. 그 학생들을 보고 교수님들도 무척 감격하셨어요. 강연을 꼭 들어야 하는 사람들이 왔다고 말이에요.

오오타 멋진 아이들이네요.

고지마 학교 선생님이 강연을 알려주셨다고 하더라고요. 덕분에 쇼와여자대학교와 그 학생들의 학교가 함께 이벤트를 준비하고 있다고 해요. 여대와 남학교가 힘을 합쳐 젠더 문제에 대한 이벤트를 연다니 정말 획기적이지 않나요? 역시 옛날 세대 사람들이 바뀌는 것보다 다음 세대가 성장해나가는 것이 훨씬 빠를 것 같아요.

오오타 아이들은 정말 눈 깜짝할 사이에 성장하니까요. 작년에 딱 맞았던 옷을 올해는 못 입는 일이 흔하잖아요. 그러니까 2년이고 3년이고 천천히 생각할 여유가 없어요. 젠더 문제만큼은 가능한 한 빨리 해결해야지요.

제6장

내 아들이 좋은남자로 자랐으면 좋겠습니다

마지막 장에서는 지금까지 말했던 내용과 대담에서 나누었던 이야기를 바탕으로 저희 아들들을 비롯한 세상 모든 남자아이에게 해주고 싶은 말을 써보려 해요. 이 장만큼은 아이와 함께 읽고 이야기 나누면 좋겠습니다.

도움을 요청하는 것은 부끄러운 일이 아니에요

가장 먼저 자신의 나약함을 인정해도 괜찮다고 말해주고 싶어요. 사람은 누구나 약해질 때가 있고 그것을 부끄러워할 필요도 없답니다.

마음의 고통, 억울함, 슬픔 등의 감정을 '남자답지 않다'는 이유로 마주하지 않으면 감정에 대한 해상도는 낮아질 수밖에 없어요. 감정의 해상도가 낮은 사람이 다른 사람의 감정을 상상할 수 있을 리 만무하지요. 고지마 게이코 씨는 대담에서 '용기는 자신의 나약함에 대해 생각하는, 세상에서 가장 하고 싶지 않은 일을 할 수 있는 힘'이라는 사실을 아들에게 알려주고 있다고 했어요. 여러분이 자신의 나약함을 있는 그대로 인정하고 감정의 파동에 민감한 사람이 되길 바라요. 또, 다른 사람의 아픔이나 약함을 상상하고 공감할 수 있는 사람이었으면 좋겠어요.

우리 사회에서는 '사소한 일로 고민하지 마, 남자잖아!'라는 말이 선의를 담은 격려의 의미로 쓰일 때가 있어요. 물론 고민하지 않는 것이 좋을 때도 있어요. 하지만 속상하거나 걱정될 때 자신의 내면과 마주하고 감정의 움직임을 인식하는 일은 자신의 약점을 극복하기 위해 꼭 필요한 과정이에요. '남자니까', '남자답게 굴어'라는 말로 흔들리는 감정을 무시하는 것은 자신의 약점을 극복하는 데 아무런 도움이 되지 않아요.

얼마 전에 아들과 함께 《귀멸의 칼날》이라는 애니메이션을 재미있게 봤어요. 주인공인 탄지로가 '나는 장남이니까'라며 결의를 다지거나 '남자로 태어났으니까 이까짓 고통은 아무것도 아냐'라고 말하는 장면이 나올 때마다 신경이 쓰이더라고요. 역경을 극복하려 노력하는 모습은 칭찬받아 마땅하지만 다른 말로 표현하면 어땠을까요? '여동생을 위해 힘내야지'라든가, '내가 제일 나이가 많으니까 모범을 보여야지'라는 내용을 전달하고 싶었다면 그냥 있는 그대로 표현해도 좋을 텐데요. 굳이 '남자니까'라는 말을 왜 넣었는지 도무지 이해되지 않았어요.

면도기 제조사인 질레트가 최근 제작한 공익광고도 남성성에 대해 이야기하고 있어요. 집단으로 약한 사람을 괴롭히는 남자아이들, 웃으면서 여자를 성희롱하는 성인 남자, 폭력을 행사하는 청년들을 보여주고 그 모습을 보며 '남자는 어쩔 수 없어Boys will be boys'라며 웃어넘기는 남자들이 나와요. 그다음 '정말 이게 남자로서 최선이야?'라고 물은 뒤 변하기 시작하는 남자들의 모습이 등장합니다. '고리타분한 남성성을 버리자. 세상은 바뀌고 있어. 다음 세대를 위해 올바른 일을 하자'라고 남자들에게 호소하는 거지요. 유튜브에서 볼 수 있으니 꼭 한 번 감상해보세요.[29]

자신의 나약함을 인정하고, 도움이 필요할 때 다른 사람에게 도움을 요청하는 것은 부끄러운 일이 아니에요. 뇌성마비 장애를 극복하고 소아과 의사가 된 구마가야 신이치로 씨는 '자립은 의지할 수 있는 곳을 늘리는 일'이라고 말하기도 했어요. 누군가의 도움을 받고 의지하는 것은 어른으로서 자립하기 위해 오히려 꼭 필요한 일이랍니다.

연인이나 친구가 없다든가, 주위 사람들로부터 따돌림을 받는다든가, 가해 또는 피해 경험이 떠올라서 괴로워질 때는 비슷한 고민이 있는 사람들과 이야기를 나누어보는 것도 좋은 방법이에요. 스스로 괴로움을 극복할 계기를 찾을 수 있으니까요.

성폭력과 관련된 일을 웃음거리로 삼지 않기

다음으로는 성폭력에 관련된 일을 웃어넘기거나 농담거리로 취급하지 않기를 당부하고 싶어요. 똥침이나 아이스께끼는 하는 사람에게는 장난이겠지만 당하는 사람은 몸과 마음을 크게 다칠 수 있다는 사실을 기억해주세요.

사실 성희롱이나 성폭력은 우리의 일상 속 어디에나 존재해요. 악의 없는 농담이나 음담패설의 모습이기도 하고, TV 속에서 시청자들에게 웃음을 주기 위한 눈요기 장면으로 등장하기도 하지요. 성희롱이나 성폭력을 즐기고 오락으로 소비하는 행위는 심각한 피해를 봤던 피해자들을 두 번 울리는 일이에요. 여러분에게 다른 사람들은 모두 즐기고 웃어도 동조하지 않을 수 있는 용기가 있었으면 좋겠습니다.

또 남자가 여성스러운 행동을 하거나 여자처럼 꾸미기를 좋아한다고 해서 그 모습을 개그의 소재로 삼지 않았으면 해요. 동성애자나 트랜스젠더 등의 성적소수자들에게 실례가 되는 엄연한 차별적 행동이니까요. 당사자와 너무 친해서 그런 농담을 해도 거리낌 없는 사이라면 모를까 절대 해서는 안 될 행동이에요.

'농담인데, 뭘'이라는 말은 폭력이나 괴롭힘을 정당화하는 구실이 될 수 없어요. 오히려 농담 삼아 해서는 안 될 이야기를 농담거리로 하는 자체가 문제라는 사실을 항상 기억해야 해요.

'친구들이 다들 하니까'라는 생각 버리기

호모소셜 집단의 유대에 대해 설명하면서 이미 말씀드렸지만, 남자아이들이 집단으로 어울려 성인용 콘텐츠를 보거나 같은 반 여자아이들의 몸매를 품평하거나 하는 일은 흔하게 일어나요. 싫지만 주위 분위기에 휩쓸려 어쩔 수 없이 동참했던 경험도 누구에게나 있을 거예요. 하지만 자신이 속한 집단이 여자에게 가해 행위를 하는 등의 선을 넘는 행동을 하려 할 때는 "NO"라고 말할 수 있어야 해요. 자기 의사를 당당하게 표현하는 용기와 집단에서 퇴출당할지도 모른다는 두려움을 무릅쓰는 용기가 필요한 일이지요.

한번 상상해보세요. 수학여행이나 동아리 합숙을 하러 갔는데 친구들이 여자아이들이 목욕하는 모습을 훔쳐보려는 생각에 잔뜩 들

떠 있다면 어떻게 해야 할까요? 친구들이 여자를 몰래 촬영한 동영상과 사진을 돌려 보거나 교환하려 하면 어떻게 할까요?

홀로 "NO"라고 말하는 것은 결코 쉬운 일이 아니에요. 하지만 친구들이 다들 하니까 얼떨결에 함께 했다가 가해자가 되어버리면 나중에 아무리 후회해도 소용없어요. 바로 그 자리에서 '그만두자'라고 한마디만 해도 돌이킬 수 없는 상황이 오는 것을 막을 수 있어요. 또 여러분의 한마디에 친구 중 누군가는 분명 가슴을 쓸어내리며 안도할 거예요.

저는 여러분이 그 한마디를 가장 먼저 입 밖으로 꺼낼 수 있는 용기를 가졌으면 해요. 그 용기는 어른이 된 후에도 불합리한 힘희롱으로 괴로워졌을 때 여러분을 도와줄 거예요. 친구들에게 동조하지 않았다는 이유로 괴롭힘을 당하거나 따돌림을 당하거나 분위기 파악 못 하는 녀석이라고 비웃음을 살지도 몰라요. 하지만 잠시의 괴로움보다 더 소중한 것을 지켜냈다는 자부심이 여러분의 마음속에 가득 찰 거예요.

그리고 남자집단이라고 해서 그 집단에 속한 남자아이들이 모두 여자를 좋아하리라는 보장은 없어요. 또, 누군가를 좋아하는 마음을 드러내기 꺼리는 친구도 있을 수 있지요. 친구들이 즐겁게 이야기하는 동안 이러한 친구들은 마음속으로 소외감을 느끼고 있을지 몰라요. 다양한 경우를 상상하고 그들의 마음을 이해하려 노력하면 좋을 것 같아요.

유흥업소 이용에 대해 생각해보기

어른이 되면 친구와 동료들로부터 유흥업소에 가자는 권유를 받을지도 몰라요. 스스로 그런 장소에 가보고 싶은 생각이 들 수도 있고요. 유흥업소에 가는 동기는 성욕일 수도 있고 외로움이나 고독 때문일 수도 있겠지요.

쓸쓸한 감정은 충분히 이해해요. 하지만 성적인 욕구를 돈으로 충족시키는 것이 어떤 의미인지 한 번 생각해봤으면 좋겠어요. 그저 성욕을 처리하고 싶을 뿐이라면 자위행위를 할 수도 있는데 왜 굳이 돈을 내고 여자로부터 성 서비스를 받으려 할까요?

당연한 말이지만, 돈을 내고 산 여자가 스스로 원해서 성관계를 할 리 없잖아요. 마치 여자가 원하는 것처럼 보여도 그것은 직업적인 연기에 불과하지요.

돈으로 성 서비스를 구매하는 행동이 옳은지 그른지를 한마디로 설명하는 것은 매우 어려운 일이에요. 자유의지로 이 일을 선택한 여자에게는 돈을 내고 성 서비스를 받아도 괜찮은 걸까요? 그런 일이 정말 떳떳하다고 생각하나요? 여자의 자유의지를 이유로 그녀들이 금전적 대가가 없으면 절대 하지 않았을 성적 접촉을 하는 것을 정당화할 수 있을까요? 돈의 힘을 빌려 원하지 않는 성관계를 맺는다면 그것은 결국 성폭력이나 마찬가지예요.

물론 사람들은 대부분 생계를 위해 어쩔 수 없이 일을 합니다. 유흥업소에서 일하는 사람들만 그런 것은 아니지요. 다만, 마사지사에게 돈을 내고 어깨 마사지를 받는 것과 유흥업소에서 일하는 여자에게 돈을 내고 성 서비스를 받는 것을 똑같이 봐야 할지는 의문이에요. 한 사람의 존엄을 돈으로 구매하는 행위의 의미를 생각한다면 결코 같은 일로 취급할 수 없다고 봅니다.

또한 일반인보다 판단력이 부족한 지적 장애인을 속여 스카우트한 뒤 유흥업소에 종사하게 만드는 사건도 종종 발생해요. 학대 등으로 집에서 쫓겨나다시피 해서 갈 곳이 없어진 젊은 여자가 어쩔 수 없이 유흥업소에서 일하게 되는 경우도 허다하지요.

아무리 '돈을 위해서'라고 하지만 유흥업소에서 일하는 여자들도 자신의 직업에 자괴감을 느끼고 상처받습니다. 애초에 몸과 마음에 상처를 입고 어쩔 수 없이 이 일을 선택할 수밖에 없었던 사람들도 많지요. 결국, 유흥업소를 이용하는 손님은 여자들의 상처와 맞바꾼 성적 쾌락을 얻고 있는 셈이에요. 저는 성 산업에 종사하는 사람들보다 손님으로서 성 산업에 가담하고 있는 사람들이 더욱더 문제라고 생각해요.

매우 드물지만 정말 본인이 원해서 프로의식을 갖고 유흥업소에서 일하는 여자도 있어요. 하지만 손님들은 자기가 돈을 지불하고 만난 여자가 그런 사람인지 아닌지 알 수 없지요. 그리고 많은 유흥업소에서 고용주들이 여자를 착취하고 있는 것도 사실이에요. 여자들은 받은 돈을 고용주에게 빼앗기고 있어요. 결국 남자들은 유흥업소를 이용할 때마다 여자의 몸을 이용해서 돈을 뜯어내는 경제적 시스템에 가담하고 있는 셈이지요.

한편, 유흥업소가 일종의 사회 안전망 역할을 한다고 말하는 사람들도 있어요. 나라의 사회복지 시스템의 사각지대에 놓인 빈곤 상태의 여자들이 마지막으로 선택하는 일자리가 유흥업소이기 때문이에요. 그러나 유흥업소에서 일하는 것은 결코 안전하다고 할 수 없기에 유흥업소를 가리켜 '안전망'이라고 하는 것은 말도 안 되는 모순이에요. 유흥업소를 운영하는 사람이 복지 사업을 하는 것도 아니고요. 그럼에도 피치 못 할 사정으로 이 일을 필요로 하는 여자들이 있다는 사실이 안타까울 뿐입니다.

유흥업소와 관련된 이야기는 매우 복잡하고 민감한 주제예요. 자칫 경솔한 말로 누군가에게 상처를 줄 수 있기에 입 밖으로 꺼내기

조심스럽기도 해요. 하지만 여러분이 아무 생각 없이 유흥업소에 가는 일이 없기를 바라는 마음에 굳이 무거운 이야기를 꺼내보았어요. 여러분은 이 문제에 대해 충분히 생각해보고 행동하기를 바라요.

‘몰라도 되는 사람’이 되지 않기

성차별이 만연한 우리 사회에서는 ‘남자’로 태어났다는 이유만으로도 ‘특권’을 누리게 됩니다. 저는 앞으로의 남자아이들이 남자의 특권을 이용하여 성차별이나 성폭력을 없애기 위해 노력해주었으면 해요.

내가 원해서 남자로 태어난 것도 아니고, 나보다 힘도 세고 성적도 좋은 여자아이도 많은데 굳이 왜 내가 나서야 하는지 의문이 들지도 몰라요. 남자도 괴로울 때가 있고 남자라서 손해 볼 때도 많은데 어째서 성차별과 맞서 싸워야 하는지 이해하기 어려울 수도 있겠지요.

메이저리티의 특권에 대해 연구하는 데구치 마키코 씨(죠치대학

문화심리학과 교수)는 특권을 '한 사회집단에 속함으로써 노력 없이 얻게 되는 우위성'이라고 정의했어요.[30]

'메이저리티/마이너리티'라는 말은 보통 '다수파/소수파'라고 번역되는데, 사회에서 거의 비슷한 숫자를 차지하는 남자와 여자를 이렇게 나누는 것이 이상하게 보일지도 몰라요. 그러나 메이저리티/마이너리티는 사회적 지위의 우위와 열위를 가리키는 말이기도 해요. 여자는 여자라는 이유만으로 폭력 피해에 노출되기 쉽고 무시당하기 쉬우며 비난받기 쉽기 때문에 마이너리티에 속한다고 볼 수 있습니다.

여자들 대부분은 남자보다 체격과 체력 모두 떨어지고 남자를 물리적인 힘으로 이길 수 없어요. 얼마 전에는 지하철역 등에서 여자만 골라 일부러 부딪치고 도망치는 남자를 보았어요. 아마도 그 남자는 '여자는 따라와서 해코지 못 할 테니까'라는 생각으로 여자만 노려 범행을 저질렀을 거예요.

반면, 남자들 대부분은 늦은 밤에 혼자 걸을 때나 출퇴근 시간 지하철에서 성피해를 당할까 불안해했던 경험이 거의 없을 거예요. 저는 실제로 피해를 입은 적도 있고 다른 여자 피해자들을 수없이 봐왔기 때문에 일상생활 속에서도 항상 안전에 신경 쓰고 있어요. 혼자 자취할 집을 구할 때는 공동 현관에 오토록이 설치된 건물의 고층 매물만 보러 다녔고, 혼자 걷기 불안할 때는 꼭 택시를 이용하는 등 안전을 위해 비용도 지불하고 있지요.

예전에 대학 시절에 무일푼 여행을 떠났다는 남자 분의 이야기를 듣고 무척 부러웠던 적이 있어요. 이곳저곳을 돌아다니다가 밤에는 텐트나 차 안에서 자기도 했다고 하더라고요. 아마 여자였다면 절대 그런 위험한 행동을 할 수 없었을 거예요. 이 이야기를 듣고 여자들과 달리 남자들은 성범죄 피해를 당할지도 모른다는 걱정을 전혀 하지 않는다는 사실을 새삼 깨달았어요.

직장을 구할 때도 여자들에게는 혹시 다른 곳으로 전근을 가야 할 경우가 있는지, 육아를 병행하며 일하고 있는 여자 선배는 있는지 등과 같은 정보가 중요해요. 하지만 남자들은 이런 정보가 필요 없을 거예요. 남자들은 이런 걱정을 하지 않아도 괜찮으니까요.

사회학자인 케인 쥬리안 씨는 '몰라도 되는 사람, 생각하지 않아도 되는 사람, 상처 입지 않는 사람이야말로 특권을 부여받은 메이저리티'라고 말했어요.[31] 이 표현을 빌려 생각해보면, 남자들은 '여자들의 불안과 고민에 대해 몰라도 되고, 생각하지 않아도 되고, 상처 입지 않아도 되는 사람'이지요. 그래서 남자가 메이저리티인 것이랍니다.

'메이저리티의 특권'을 이해하기

남자가 여장을 하고 생활해보면 여자들의 삶이 어떤지 느껴볼 수 있지 않을까요? 실제로 책이나 인터넷에서 여자로 살아 보니 사회의 대우가 확연히 바뀌더라는 이야기를 쉽게 찾아볼 수 있어요. 한 남자 회사원이 실수로 여자 직원의 이름으로 거래처에 메일을 보냈더니 상대방의 회신이 평소와 무척 달랐다는 경험담도 있더라고요.[32]

개개인의 여성혐오와는 별개로 남자들은 성차별이 만연한 사회 속에서 여자가 느끼는 공포와 불이익, 불쾌감을 전혀 모르는 채 살아가고 있어요. 그러한 삶 자체가 '특권'이나 마찬가지이지요.

같은 말도 여자보다 남자가 했을 때 더 잘 통하기도 해요. 여자가 성차별적 행위를 지적하면 감정적이고 민감한 반응이라며 비난해요. 하지만 메이저리티에 속하는 남자가 같은 지적을 하면 비난받기는커녕 여자가 의견을 냈을 때보다 쉽게 받아들여지지요.

이처럼 차별을 없애기 위해서는 메이저리티에 속하는 사람이 차별구조를 깨닫고 문제를 제기하고 바로잡기 위한 구체적인 행동에 나서는 것이 매우 중요해요. 성차별뿐만 아니라 다른 차별 문제도 마찬가지예요.

최근에 미국에서 일어났던 'Black Lives Matter' 운동을 보면 알 수 있어요. 2020년 5월 25일, 미국 미네소타주 미니애폴리스에서 흑인 남자인 조지 플로이드 씨가 경찰에 체포되는 과정에서 과잉진압으로 사망하는 충격적인 사건이 발생했어요. 이 사건으로 미국 각지에서 인종 차별에 항의하는 거센 시위가 일어났고, 일부 지역에서는 폭동으로 발전하기도 했어요. 그러던 중 한 SNS에 항의하는 흑인 시위자를 지키기 위해 백인들이 서로의 팔을 교차해 대열을 만들어 경찰과 대치하고 있는 사진이 올라왔어요. 사진에는 'This is what you do with privilege(이것이 특권을 사용하는 방법이다)'라는 글이 적혀 있었습니다.[33]

스스로 선택해서 백인으로 태어난 것은 아니지만 백인이 메이저리티의 특권을 가지고 있는 한, 백인에게는 그 특권을 사용하여 잘못된 사회를 바꾸어나가야 할 책임이 있어요. 성차별도 마찬가지예요. 메이저리티인 남자들의 이해와 구체적인 행동이 없으면 해결될 수 없어요.

'나는 여성을 차별한 적도 없는데, 왜 내가 노력해야 해?'라고 생각하는 사람도 있을 거예요. 하지만 일부 남자들이 성차별을 하지 않는다고 한들 우리 사회에서 성차별이 완벽히 사라지는 것은 아니랍니다.

데구치 마키코 교수는 차별에는 세 가지 형태가 있다고 말했어요.

①… **직접적 차별** - 상대를 직접 모욕하거나 배제하는 행위.

②… **제도적 차별** - 법률, 교육, 정치, 미디어, 기업과 같은 제도 속에서 일어나는 조직적인 행위.

③… **문화적 차별** - 속성에 따라 아름다움이나 행동에 대한 적용 기준이 다르거나 차별에 대해 말하는 것 자체가 힘든 분위기 등.

'나는 여성을 차별한 적 없는데'라는 말은 그 사람이 ①에 해당하는 직접적 차별을 하지 않는다는 말에 불과해요. ②제도적 차별이나 ③문화적 차별이 없다는 의미는 아닌 셈이지요. ②나 ③도 엄연한 차별이라는 사실을 자각하고 모든 형태의 차별을 근절하기 위해 노력이 필요한 이유입니다. 그러기 위해서는 사회 구성원 모두의 노력이 필요한 것은 물론이고 특히 메이저리티에 속하는 남자들의 행동이 매우 중요해요.

여러분은 무엇을 하면 되냐고요? 처음부터 거창한 일을 할 필요는 없어요. 우선 성차별에 대한 의견을 내는 사람들의 목소리에 귀를 기울이고 자신이 할 수 있는 일이 무엇인지 생각하는 것부터 첫발을 떼보세요. 그리고 여자가 치한 피해를 호소할 때 '억울하게 치한 누명 쓰는 사람도 많던데'라며 끼어드는 어른들이 가끔 있지요? 그런 어른들의 모습은 반면교사로 삼아주세요. 여러분은 성차별이나 성폭력 피해를 호소하는 사람들의 목소리를 주의 깊게 듣는 일부터 시작하면 된답니다.

무언가를 한다면 피해자를 도울 수 있어요

눈앞에서 성차별이나 성폭력이 일어났을 때 자신이 할 수 있는 일이 분명 있음에도 불구하고 아무것도 하지 않으면 불의에 소극적으로 가담한 것이나 마찬가지예요. 정의와 불의 사이에 중립은 존재하지 않으니까요.

성폭력 근절을 위한 캠페인 목적으로 캐나다 온타리오주에서 제작한 동영상 중에는 'Who Will You Help?(당신은 누구를 도울 것인가?)'라는 제목의 영상이 있어요.[34] 이 영상은 파티장에서 만취한 여자를 성추행하던 남자가 갑자기 카메라를 바라보며 '아무것도 안 해줘서 고마워'라고 말하는 장면을 비롯해, 다양한 성추행 상황에서 남자가 성추행을 하다가 갑자기 카메라를 향해 '무시해줘서 고마워

(덕분에 성추행할 수 있는 거야)'라고 말하는 모습을 담고 있어요. 그리고 마지막에는 다음과 같은 자막이 화면에 뜨지요.

_______ When you do nothing, you're helping him. 아무것도 하지 않으면 가해자를 돕는 것과 같다.

But you do something, you help her. 하지만 당신이 무언가를 한다면 피해자를 도울 수 있다.

Who will you help? 당신은 누구를 도울 것인가?

자신의 바로 코앞에서 성차별이나 성폭력이 벌어졌는데도 아무 일도 하지 않으면 가해자 측에 가담하는 것과 같다는 메시지가 아주 잘 나타난 영상이라 할 수 있어요.

아주 사소한 일로도 피해를 예방할 수 있고 피해자를 도울 수 있어요. 늦은 밤 지하철에 탄 만취한 여자를 물끄러미 바라보는 수상한 남자를 발견했을 때, 큰 목소리로 '괜찮으세요? 누구 마중 나올 사람 있어요?'라고 한마디만 건네도 혹시 모를 성피해로부터 여자를 구할 수 있어요(실제로 제가 썼던 방법이에요). 직접 하기 어렵다면 역무원이나 가까이에 있는 사람에게 도움을 청하는 것도 좋은 방법이에요.

치한을 발견했을 때 바로 '지금 무슨 짓이에요!'라며 가해자의 팔을 잡아채지는 못하더라도 피해자와의 사이를 물리적으로 떨어트려 놓거나 여자에게 '아는 사람이에요?'라고 쓴 스마트폰 화면을 보여주는 일 정도는 누구나 가능하지 않을까요?

호주 빅토리아주의 공익광고[35]에는 지하철에서 여자를 응시하는 수상한 남자를 발견한 남자 승객이 어떻게 하면 좋을지 망설이다가 결국 남자와 여자 사이에 가만히 서서 수상한 남자가 아무 일도 하지 못하게 막는 모습이 나와요. 이렇게 별것 아닌 행동으로도 불쾌한 피해를 막을 수 있다는 것을 잘 보여주고 있어요.

한편, 언제나 올바른 행동만 하며 살 수는 없는 노릇이에요. 자기도 모르게 성차별적인 말과 행동을 해서 다른 사람에게 피해를 주는 일이 생길지도 모르지요.

스스로 성차별에 깨어 있는 사람이라 자부했는데 '당신이 지금 한 말도 성차별이에요'라는 말을 듣고 충격에 빠지는 사람들도 있어요. 자신이 성차별을 하고 있다는 사실을 인정하기란 결코 쉬운 일이 아니에요. 하지만 여러분은 앞으로 자신의 행동을 객관적으로 보고 잘못된 행동을 했을 때는 깨끗이 인정하고 사과하는 용기를 지닌 어른이 되었으면 해요. 시행착오를 거쳐야만 비로소 발전하는 법이랍니다. 저도 제 안의 차별의식이나 가해성을 발견할 때마다 겸손한 마음으로 인정하고 잘못된 점을 마주하며 발전해나가기 위해 노력 중이에요.

스스로 할 수 있는 일을 적극적으로 찾기

지금은 상상도 할 수 없는 일이지만, 1990년 무렵에만 해도 생명보험회사 영업사원이 고객들에게 여자의 누드사진이 실린 달력을 선물하는 풍조가 있었어요. 누드사진이 실린 달력을 회사 책상 위에 올려 두어도 아무렇지도 않았던 시절이었지요. 만약 지금 그랬다가는 '성희롱'으로 낙인찍히는 것은 물론이고, 그러한 행동을 방치한 고용주가 법적인 책임을 물어야 할지도 모릅니다.

5장에서 소개했던 '행동하는 여자들의 모임'은 1990년 10월, 미쓰이생명을 대상으로 '회사 내에서 이 달력을 본 여자들이 어떤 기분일지 생각해보셨나요?'라며 항의했고, 결국 미쓰이생명은 달력을 전부 교체해야만 했어요.

또 과거에는 온천여관 대부분이 넓고 노천탕이 딸린 곳은 남탕, 작은 곳은 여탕으로 운영했어요. 일상생활에서 당연하게 벌어지던 성차별이었어요. 행동하는 여자들의 모임은 전국의 온천여관에 항의 문서를 보내는 활동을 벌인 끝에 남탕과 여탕을 격일로 교체하는 방법으로 남녀 평등한 운영을 끌어냈어요.

행동하는 여자들의 모임은 성차별적인 광고에 대해서도 적극적으로 목소리를 내며 기업과의 대화를 이어갔어요. 그 결과, 문제가 되었던 광고 포스터나 광고 영상이 중지되는가 하면 내용이 바뀌는 성과도 얻었지요.

하지만 당시 언론들은 행동하는 여자들의 모임의 이러한 문제 제기를 차가운 시선으로 바라보고 바보 같은 일이라며 비웃었어요. '여자는 자궁에서나 생각해라'든가, '인기 없는 여자의 발버둥', '여자의 히스테리' 등과 같은 말로 모욕하고 비난했지요.

지금은 누구나 회사 책상에 누드사진 달력을 올려 두는 것이 비상식적이라는 데 공감할 거예요. 하지만 바로 얼마 전만 해도 이 당연한 생각이 조롱당하고 비난받았었답니다. 주위의 차가운 시선을 감수하며 행동하는 사람들이 있었기에 우리 사회는 좀 더 나은 방향으로 변화할 수 있었던 거예요.

지금은 여자들의 정치 참여가 너무나 당연한 일이 되었지만, 여자에게 참정권이 없던 시절에 참정권을 요구했던 여자들은 비웃음의 대상이었을 뿐만 아니라 위험인물로 취급받았어요. 시간이 흐르면 사회의 가치와 기준은 변하기 마련입니다. 비난과 모욕을 감수했던 쪽이 마땅히 해야 할 일을 했던 사람이 되고, 비난하고 모욕했던 쪽이 이상한 사람이 되기도 해요. 하지만 이런 사회의 문제들은 가만히 기다리기만 해서는 절대 변하지 않습니다. 바로잡기 위해 행동하고 노력해야만 비로소 바뀐다는 사실을 꼭 기억해야만 해요.

성차별이나 성폭력만 그런 게 아니라 모든 문제가 그렇답니다. 그 문제가 여러분에게 직접적 피해를 주지 않을지라도 스스로 할 수 있는 일을 찾아 적극적으로 문제 해결에 앞장서는 어른이 되기를 바라요.

대등하고 수평적 관계 만들기

제가 여러분에게 너무 많은 것을 바라고 있나요?

아직 초등학생인 제 아들들은 이 책의 내용을 다 이해하지 못할 거예요. 하지만 저는 아들들이 어른이 되기 전에 모든 내용을 꼭 알려줄 거랍니다.

누구나 차별의식을 갖고 있어요. 특히 성차별은 너무나 일상적으로 일어나기 때문에 자기도 모르게 무의식적으로 내면화하게 돼요. 유능한 회사원도, 인권과 사회개혁을 위해 노력하는 사회활동가도 예외는 아니에요. 개개인의 우수함과는 상관없이 성차별에 대해서만은 여전히 고리타분한 가치관을 갖고 자신의 가해 행위를 깨닫지 못하는 사람이 참 많답니다.

어른이 되기 전에 젠더나 성차별에 대해 배우지 않는 한, 차별의식을 극복하기란 여간 어려운 일이 아니에요. 그래서 조금이라도 실패를 줄이고 아이들에게 올바른 가치관을 키워주기 위해서는 가능한 한 빠른 시기에 젠더 교육을 해야 해요.

제가 바라는 일은 절대 특별하지 않아요.

여자를 한 인간으로 평범하게 존중해주세요.

서로의 남성성을 겨루지 말고, 남자답지 않은 사람을 무시하지 말아주세요.

멋대로 당신이 자신보다 약한 존재라고 규정한 사람에게 자신의 고독과 불안의 책임을 떠넘기지 마세요.

모든 차별은 자기보다 약한 사람을 매도함으로써 자신의 불안을 잠재우려 하는 나약함에서 시작됩니다. 그러므로 차별을 없애기 위해서는 다른 사람과 비교하며 우열을 따지는 가치관에서 벗어나 대등한 관계를 구축하려 노력해야 해요. 일방적으로 가르치는 관계가 아니라 서로 가르치고 배우는 관계, 서로 돕고 도움 받는 관계가 되어야 하지요.

항상 자신이 우월해야 한다고 생각하는 관계는 건전하지 못할 뿐만 아니라 결코 행복할 수 없어요. 여러분은 앞으로 자신의 파트너와 대등하고 수평적인 관계를 구축해나가기를 바랍니다.

앞으로의 남자아이들에게

성과 젠더에 대한 올바른 가치관을 길러주기 위해서는 가정의 역할이 매우 중요하지만, 가정에서 할 수 있는 일에는 한계가 있어요. 나이가 들면 아이들은 점점 부모의 말을 듣지 않게 되거든요. 그렇다고 아이들이 친구, 선생님, TV, 인터넷 등을 통해 접하는 수많은 정보를 모두 차단할 수도 없는 노릇이지요.

그러므로 성차별적 가치관을 뿌리 뽑기 위해서는 부모를 비롯한 우리 사회 전체가 함께 노력해야 합니다. 어쩌다 운 좋게 자기 아들이 가해자도, 피해자도 되지 않았다고 해서 안심해서는 안 돼요. 사회 전체의 상식이 바뀌어야만 비로소 성차별과 성폭력이 없는 세상을 만들 수 있어요.

사회 구성원 한 사람, 한 사람이 우리 사회의 잘못된 점에 대해 더 많이 소리 내야만 새로운 세상을 만들 수 있어요. 세상이 바뀌는 데는 아주 오랜 시간이 걸릴지도 몰라요. 하지만 그만큼 시간을 들일 가치가 있어요.

예전에는 애니메이션이나 만화는 물론 제가 다니던 유치원과 학교에서도 아이스께끼를 하며 노는 아이들을 쉽게 볼 수 있었는데 지금은 그렇지 않은 것처럼 말이지요. '아이스께끼는 성폭력이나 마찬가지다'라고 외쳤던 수많은 사람의 목소리가 쌓이고 쌓인 결과라고 생각해요. 그 목소리들이 우리 사회에 '아이스께끼를 해서는 안 된다'라는 상식을 만들었기 때문이지요. 사회의 모든 자정작용은 법률이 아니라 이름 없는 사람들의 문제 제기와 논의를 통해 일어나기 마련이니까요.

오랫동안 성희롱과 성폭력 사건을 지켜봐온 경험에 비추어 봤을 때, 성범죄 가해자들이 진심으로 후회하고 반성하여 새사람으로 거듭날 가능성은 매우 적다고 생각해요. 사람은 좀처럼 변하지 않거든요. 그러나 사회의 상식은 발전하고 변할 수 있어요. 바뀐 상식에 따라 사람들의 행동 양식과 사고방식도 변해가지요. 그러므로 젊은 세대를 위한 적절한 교육과 올바른 정보 제공은 반드시 필요해요. 세대와 성별을 뛰어넘어 자유롭게 의견을 교환하다 보면 성차별적이지 않은 '새로운 상식'을 계속 만들어나갈 수 있지 않을까요?

제 주위를 둘러보면 요즘의 이십 대, 삼십 대 남자들은 아버지 세대보다 훨씬 적극적으로 집안일과 육아에 참여하고 있어요. 제 아들 또래의 남자아이들이 우리 사회의 성차별적 구조를 깨닫고 여자와 함께 목소리를 낼 수 있게 될 무렵에는 우리 사회의 모습도 지금과 확연히 다를 거라 생각합니다. 다음 세대들을 위해서라도 우리 세대가 노력해야겠지요.

우리 조상들은 오랫동안 싸워서 여성 참정권과 여자가 남자와 대등하게 일할 수 있는 권리를 우리에게 남겨주었어요. 여전히 성차별은 남아 있지만, 조상이 남겨준 유산은 현재를 살아가는 우리들의 자유를 지탱해주고 있습니다. 남자아이를 키우는 엄마로서 우리가 다음 세대에 물려줄 수 있는 유산은 무엇일까요? 저는 앞으로의 남자아이들을 '성차별적 가치관에서 자유로운 남자'로 키우는 것과 '여자와 함께 성차별과 성폭력에 분노하고 맞서 싸우는 남자'로 성장할 수 있도록 가르치는 것이라고 생각해요. 이 책이 앞으로의 세대에게 남길 유산에 조금이라도 보탬이 되기를 바랍니다.

마치며

아이들에게 더 좋은 사회를 물려주기 위해 해야 하는 일

제가 처음으로 성차별이 만연한 사회에서 남자아이를 키우는 어려움에 대해 말했던 것은 2018년 12월에 〈imidas〉에서 했던 인터뷰('성차별 사회에서 어떻게 아이를 키워야 할까?')에서였어요. 많은 분이 이 기사를 읽고 '제가 생각했던 내용이 전부 쓰여 있었어요!'라며 반겨주었지요.

2019년 1월에는 잡지 〈VERY〉에 "아들이 미래의 아내에게 '집안일만 제대로 하면 일하게 해줄게'라고 말하지 않게 하기 위해 지금부터 해야 할 일"이라는 제목의 기사가 실렸어요. 이 기사를 읽으면 집안일과 육아 분담을 두고 남편과 싸우다 지친 나머지 남편이 변할 것이라는 기대를 버리고 '아들은 이렇게 키우지 말아야지'라며 한숨짓는 여자들의 모습이 저절로 떠오르지요. 이혼 사건에서 제가 많이 보던 여자들이기도 해요.

같은 해 3월에는 《보이즈-남자아이들은 왜 '남자답게' 자랄까》(레이첼 기스, 한국 미출간)라는 책이 일본에서 출간되었어요. 동성 파트너와 함께 남자아이를 키우는 저자의 어려움과 고뇌를 보면서 앞으로의 남자아이들이 자유롭고 행복한 인생을 살기를 바라는 저자의 마음에 깊이 공감했답니다.

이러한 책과 기사들만 봐도 시대가 변화하고 있다는 사실이 느껴집니다. 이제는 남자들이 겪는 괴로움을 줄이고 성차별을 없애기 위해서는 남자아이 육아가 중요하다는 사실을 모두 깨닫고 있는 것 같아요. 실제로 남자아이를 키우고 있는 사람들은 더욱더 그러하겠지요.

제가 이 책을 쓴 이유도 남자아이를 키우는 당사자로서 남자아이 육아에 대한 고민을 나누고 어떻게 가르치면 좋을지를 이야기하고 싶었기 때문이랍니다.

성차별과 젠더 격차는 여자와 여자아이들만의 문제로 인식되기 쉬워요. 성차별이 여자들에게만 피해를 주고 남자와 남자아이와는 아무런 관련이 없다고 생각하는 사람도 많지요.

물론 여자가 남자보다 성차별로 인해 더 많은 불이익과 악영향을 받는 것은 사실이에요. 문제의 당사자가 여자라는 사실에는 이견의 여지가 없고, 저 또한 여자로서 우리 사회의 성차별 문제에 대해 오랫동안 고민해왔어요.

하지만 아들을 키우면서 남자들 역시 성차별 문제의 당사자라는 사실을 깨닫게 되었고 마음이 복잡해졌습니다. 일과 집안일, 육아까지 도맡아 하며 정신없이 바쁜 와중에도 남자아이 육아에 대한 고민이 머릿속에서 떠나지 않았어요. 머릿속을 가득 채웠던 여러 가지 생각을 이렇게 책으로 정리할 수 있게 되어 정말 기쁩니다. 이 책이 지금 세대를 살아가는 사람들에게 다음 세대 아이들에게 더 살기 좋은 사회를 물려주기 위해 할 수 있는 일이 무엇인지 생각하는 계기가 되기를 바라요.

과거의 남성성에 얽매이지 않고 메이저리티로서 성차별을 바로잡기 위해 목소리를 내는 남자가 우리 사회에 더 많아졌으면 좋겠어요. 앞으로의 남자아이들이 '저 사람처럼 되고 싶다'라고 생각할 만한 롤모델이 아직 턱없이 부족하거든요. 어쩌면 지금 아이들 세대가 스스로 롤모델이 될지도 모르겠네요.

부모로서, 한 사람의 어른으로서 우리 아이들의 도전을 진심으로 응원합니다. 그리고 그들이 만들어나갈 새로운 사회를 두근거리는 마음으로 지켜보고 싶습니다.

오오타 게이코

미주

1 일본 후생노동성 '헤이세이 30년간(1989년~2019년)의 자살 현황'
https://www.mhlw.go.jp/content/H30kakutei-01.pdg

2 무라세 유키히로《유연한 관계 구축을 위한 남자아이 성교육男子の性教育ー柔らかな関係づくりのために》(한국 미출간) 99쪽에서 발췌.

3 〈에어컴프레서가 흉기로-항문에 공기 주입으로 남성 사망 '죽을지 몰랐다'〉(허핑턴포스트 일본판, 2018년 7월 14일)
https://huffingtonpost.jp/2018/07/13/air-compressor_a_23481845/

4 사이토 아키요시《실수하지 않고 술 마시는 법-술에게서 도망치지 않고 살기 위한しくじらない飲み方ー酒に逃げずに生きるには》(슈에이샤, 한국 미출간)

5 핫타 마사유키 〈끊임없는 흉악범죄! 미국을 위협하는 '인기 없는 남성의 과격화' 문제〉(현대비즈니스, 2018년 7월 1일)
https://gendai.ismedia.jp/articles/-/56258
〈캐나다 최초로 17세 소년을 테러죄로 기소, 테러 이유는 성적 불만〉(BBC NEWS JAPAN, 2020년 5월 20일)
https://www.bbc.com/japanese/52737100 외 여러 영문판 기사를 참고하여 정리했다.

6 오가와 다마카 〈'리얼난파아카데미 사건' 재판에서 보인 기묘한 범행 구조〉(현대비즈니스, 2019년 2월 15일)
https://gendai.ismedia.jp/articles/-/59788

7 기요타 다카유키 〈초등학생에게까지 강요되는 '인기 얻는 방법'-남자는 왜 '사시스세소'에 기분이 좋아질까〉(QJWeb, 2020년 5월 16일)
https://qjweb.jp/journal/20033/2/

8 야마미쓰 에이미 〈엠마 왓슨이 유엔연설에서 말한 사실-왜 페미니즘은 불쾌한 단어가 되어버렸는가〉(Buzzfeed News, 2017년 10월6일)
https://www.buzzfeed.com/jp/eimiyamamitsu/emma-watson-heforshe-speech

9 시스젠더(Cisgender): 타고난 생물학적 성과 젠더 정체성이 일치하는 사람. 트랜스젠더와 반대되는 개념.

10 아야야 사츠키《소셜 메이저리티 연구-커뮤니케이션학의 공동창조ソーシャル

・マジョリティ研究―コミュニケーション学の共同創造)》(한국 미출간)

11 다부사 에이코·우에노 지즈코《우에노 선생님, 페미니즘에 대해 처음부터 알려주세요!上野先生、フェミニズムについてゼロから教えてください!》(한국 미출간)

12 기요타 히로유키〈'발기와 정사'에 집착하는 남자의 '성욕'과 일본의 '성교육'〉(WEZZY, 2016년 7월 20일)
https://wezz-y.com/archives/32935

13 오가와 다마카〈AV를 성행위 교과서로 생각하면 안 돼!-쥬오대학 축제에서의 뜨거운 논의〉(DIAMOND ONLINE)
https://diamond.jp/articles/-/185664

14 하타노 쿠미〈AV가 교과서라 여자가 힘들다-AV 남우 잇테츠 씨가 말하는 남녀의 섹스가 다른 이유〉(허핑턴포스트 일본판, 2017년 8월 22일)

15 〈페미니스트가 메가폰을 잡다-남녀를 불문하고 인기몰이, 여성감독이 만드는 '본격 포르노'란?〉(HEAPS, 2017년 4월 15일)
https://heapsmag.com/women-porn-director-give-us-an-alternative-to-mainstream-porn-Erika-Lust

16 〈팬티를 벗기 전에 알아두어야 할 정확한 콘돔 사용법〉
필콘 https://www.youtube.com/watch?v=CCrXFxtOHt0

17 다음 사이트에서 무료로 다운로드 가능.
https://www.wings-kyoto.jp/docs/association_GH1808

18 지지(Ally): LGBTQ 등의 성적 마이너리티 당사자는 아니지만, 당사자의 편에 서서 지지하거나 사회를 향해 발언하는 사람을 가리키는 말.

19 법무성〈범죄백서〉(2019년 판)에 따르면 강제성교등죄로 검거된 사람은 910명이고, 그중 여자는 4명(0.44%)이다. 강제성교등죄의 인지 건수는 1,109건이었고, 그중 여자피해자는 1,094명(98.6%)에 달한다. 강제추행죄로 검거된 사람은 2,837명으로, 그중 여자는 9명(0.32%)이다. 강제추행죄의 인지 건수는 5,809건이고, 그중 여자피해자는 5,609명(96.6%)이다(데이터는 모두 2018년 기준).
통계에 집계되지 않은 사건들을 고려해도 성범죄 가해자의 압도적 다수가 남자이고 피해자의 압도적 다수가 여자라는 점은 명확하다.

20 사이토 아키요시《남자가 치한이 되는 이유》(이스트프레스, 2017) 66쪽에서 발췌.

21 #WeTooJapan 〈공공장소에서의 성추행 실태 조사〉(2019년 1월 21일 발표)
http://7085aec2289005c5.main.jp/assets/doc/20190120_harassment_research.pd

22 내각부 남녀공동기획국 〈남녀간 폭력에 대한 조사〉(2018년도 조사)
https://www.gender.go.jp/policy/no_violence/e-vaw/chousa/h29_boryoku_cyousa.html

23 "Reports of inappropriate touching or 'chikan' of female passengers on commuter trains are fairly common." (Foreign travel advice: Japan)
https://www.gov.uk/foreign-travel-advice/japan/safety-and-security
캐나다 정부의 인터넷 사이트 https://travel.gc.ca/destinations/japan에도 같은 내용이 기재되어 있음.

24 지부 렌게 〈일본의 치한문제는 비정상적이다-일본에 거주하는 외국인은 경악한다〉(FRAU, 2020년 3월 20일)
https://gendai.ismedia.jp/articles/-/70697

25 니토 유메노 〈만약 성폭력 피해를 당하는 사람을 보면 어떻게 할래?〉(imidas, 2018년 8월 9일)
https://imidas.jp/bakanafuri/1/?article_id=l-72-001-18-07-g559

26 기요타 다카유키 〈'강간도 섹스라고 생각했는데' 제대로 가르치지 않아 남자를 착각하게 만드는 자민당의 정치적 성교육〉(WEZZY, 2016년 7월 21일)
https://wezz-y.com/archives/32936

27 최근 성차별적 표현으로 비난받은 광고 사례
- 루미네(2015년 3월): 남자 상사가 다른 부서의 여직원을 보며 여자 부하에게 '귀엽네', '너랑은 차원이 달라'라고 말하는 내용. 회사에서 여자에게만 아름다움을 요구하는 것을 당연시한다는 비판을 받았다.
- 산토리맥주 '頂(이타다키)'(2017년 7월). 회사원이 출장지에서 만난 미녀와 술을 마시는 설정에서 여자가 '물이 잔뜩 나와버렸어~', '꿀꺽! 해버렸네' 등 노골적으로 성행위를 연상시키는 묘사로 비난을 받고 공개가 중지되었다.
- 유니참의 기저귀 '무니'(2016년 12월). 출산 직후의 엄마가 혼자 아기를 돌보는 모습을 현실적으로 묘사하는 내용이었지만, 사회에서 문제가 되는 독박 육아를 미화한다는 비판을 받았다.

28 다나카 도시유키·고지마 케이코 《자유롭지 않은 남자들-남자들의 괴로움

은 어디에서 시작되었는가不自由な男たち その生きづらさは、どこから来るのか》(한국 미출간)

29 'We Believe: The Best Men Can Be' (질레트)
https://www.youtube.com/watch?v=koPmuEyP3a033)
니시이 카이 〈남자는 '보이지 않는 특권'과 '숨겨진 괴로움' 속에서 어떻게 살아가는가〉(현대비즈니스, 2020년 3월 8일)
https://gendai.ismedia.jp/articles/-/70882

30 〈입장의 심리학-메이저리티 특권에 대해 생각하다〉 죠치대학 OPEN COURSE WARE 2016년도 가을학기
https://ocw.cc.sophia.ac.jp/lecture/20160929gse65980/

31 케인 쥬리안 〈인종차별이 뭔데요?-일본인에게 주어진 커다란 특권의 현실〉(현대비즈니스, 2020년 6월 26일)
https://gendai.ismedia.jp/articles/-/73518

32 야스다 사토코 〈여자 이름으로 메일을 보냈더니… 보이지 않는 차별을 깨달은 남자 이야기〉(허핑턴포스트일본판, 2017년 3월 17일)
https://www.huffingtonpost.jp/2017/03/14/man-signed-work-emails-using-a-female-name_n_15352470.html

33 https://twitter.com/kyblueblood/status/1266368755635896322

34 'Who Will You Help? Sexual Violence Ad Campaign'
https://www.youtube.com/watch?v=opPb2E3bkoo

35 'Respect women: call it out-active bystander'

옮긴이 송현정

연세대학교 국문학과를 졸업하고 일본과 한국에서 직장생활을 하던 중 오랜 꿈을 찾아 이화여대 통번역대학원에서 석사학위를 취득했다. 책을 통해 말과 생각 그리고 사람을 잇는 번역가가 되는 것이 꿈이자 목표이다. 현재 바른번역 소속 번역가로 활동하고 있다.

앞으로의 남자아이들에게

초판 1쇄 인쇄 2021년 4월 28일
초판 1쇄 발행 2021년 5월 10일

지은이 오오타 게이코
옮긴이 송현정
펴낸이 김남전

편집장 유다형 **기획·책임편집** 서선행(hamyal@naver.com) **디자인** 어나더페이퍼
외주교정 이하정 **마케팅** 정상원 한웅 정용민 김건우 **경영관리** 임종열 김하은

펴낸곳 ㈜가나문화콘텐츠 **출판 등록** 2002년 2월 15일 제10-2308호
주소 경기도 고양시 덕양구 호원길 3-2
전화 02-717-5494(편집부) 02-332-7755(관리부) **팩스** 02-324-9944
홈페이지 ganapub.com **포스트** post.naver.com/ganapub1
페이스북 facebook.com/ganapub1 **인스타그램** instagram.com/ganapub1

ISBN 978-89-5736-282-2 03590

앞으로의
남자아이들에게